JN180470

E. ravennae 完熟種子　　完熟種子由来カルス　　カルスからの再分化

GUS 遺伝子が導入されたカルス　　遺伝子導入個体の取得

図 1.3　エリアンサスの再分化系と形質転換体作成

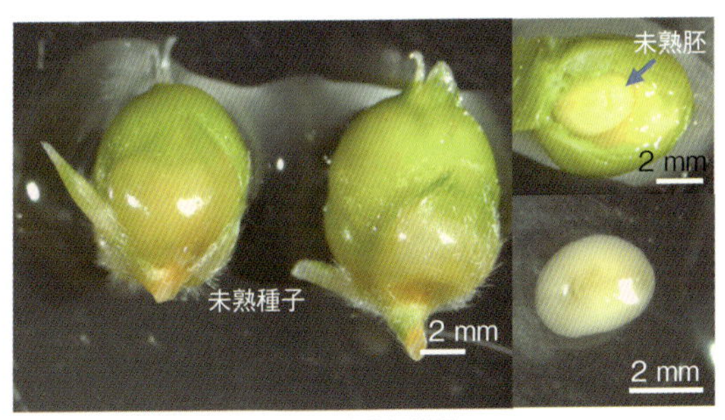

ソルガム未熟種子からの未熟胚単離

未熟胚からカルスを経由して
得られた再分化個体

未熟胚への GUS 遺伝子導入

図 1.4　ソルガムの再分化系と形質転換体作成

図 2.5　葉緑体機能の欠損により生じる突然変異体の例（シロイヌナズナ）

Columbia は野生型の植物で，*var1*，*var2*，*im*，*chm* は葉緑体分化と光合成の維持に必要な因子に欠損が生じて葉に斑入りができている変異体。このような機能欠損変異の解析を通じて，光合成機能維持に重要な因子が明らかになっている。［第 2 章文献 17 を改変］

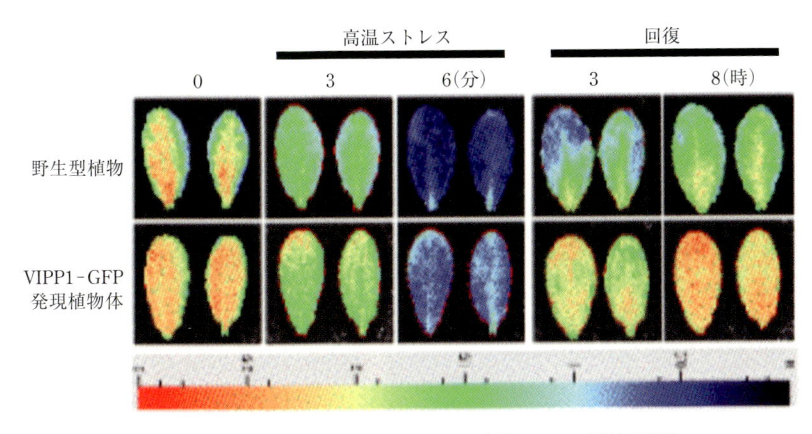

図 2.6　VIPP1 タンパク質の高発現による高温ストレス耐性の獲得

シロイヌナズナで VIPP1 を高発現させた葉を高温処理（45℃，6 分）し，クロロフィル蛍光による光合成活性（Rfd）を測定すると，高温による活性低下の軽減が観察される。上は葉の画像解析結果を示す。

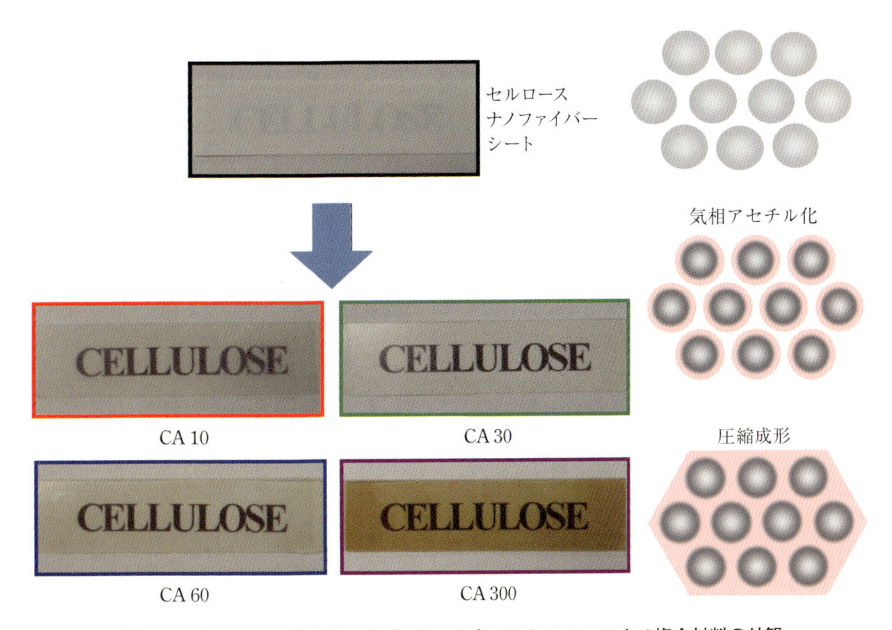

図 8.7　セルロースナノファイバーシートと *All*-セルロースナノ複合材料の外観

はじめに
——私たちはいかにして循環型社会をめざすのか

1. 21世紀の課題

21 世紀の今，私たちの文明は曲がり角に来ている。18 世紀後半の産業革命以来，大量生産・大量消費をスローガンに拡大成長を続けてきた人類は，このスローガンの下では 21 世紀を乗り切れないことに気づきはじめた。たしかに，19 世紀・20 世紀には，大量生産・大量消費の下，さまざまな産業が興り，科学技術の進展と相まって社会のインフラが整備され，人々は豊かな生活を送ることができるようになった。しかしながら，地球の資源は有限であり，その資源利用に陰りが出てきている。

世界の人口は 19 世紀初頭に 10 億人程度だったものが，20 世紀末には 60 億人となり，2050 年には 90 億人を超えると予想されている。この人口の増加は，地球の大きな負荷となっている。第二次世界大戦後の急激な人口増加による食糧不足の危機は，「緑の革命」とよばれたイネ，コムギ，トウモロコシの新品種の導入により乗り切ることができた。これら品種は，大量施肥により収量増加を可能にした品種で，その結果として，窒素・リンなどの大量消費につながっている。その後も急激な人口増加が続いているために，窒素やリンの不足が顕著になっている。人口の増加により，耕地面積が減り，耕地や居住地を求めて森林伐採が進み，さらに地球の砂漠化も進むなど，人口増加はさまざまな環境負荷を引き起こしている。

人口増加や産業の発展に伴う，石油などの資源不足も大きな問題である。石油は数億年前の生物の遺骸が地熱や地圧の影響を受けながら，長い時間かけて生成したのだと考えられている。したがって，石油の量には限りがあり，今後

40〜150 年程度で掘り尽くされるであろうと考えられている。早い場合には，今世紀中に石油が底をつく可能性があるということである。石油はエネルギーのおおもとであるとともに，化成品の原材料でもある。したがって，石油の枯渇は，エネルギーと同時に素材の提供に重大な影響を及ぼす。一方で，石油の使用は二酸化炭素（CO_2）の排出を通して，地球の温暖化を促進する原因のひとつとなっている。

2. 植物バイオマス利用の重要性

こうした 19・20 世紀型社会の問題点を克服して，21 世紀に適した社会を構築するために，大量消費社会から循環型社会へと転換する必要がある。循環型社会への変換は，ライフスタイルから技術までさまざまな改革が必要となる。とくに石油がかつての生物の遺骸からできているように，主要なエネルギーも私たちの身のまわりの素材も生物に由来することを考えると，過去の生物ではなく現存の生物をいかに有効利用して，豊かな生活をつくり出すかが重要である。すでに，レアメタルやリン鉱石など欠乏が顕著なものも出はじめている今，将来確実にくる石油の枯渇も視野に入れた，循環型社会構築のための技術革新が求められている。

現存のバイオマス量で圧倒的に大きいのが植物であり，この植物の有効利用が循環型社会の技術開発の鍵となる。しかし，食糧としてのトウモロコシの改良は 1 万年の時をかけてなされてきたように，短期間に植物の有効利用が達成できるものではない。さいわいなことに 1990 年代から植物のゲノム解析が進み，ゲノムを利用した植物改良はかなり短期間でできるようになっている。そこで私たちは，植物の能力を最大限に引き出して日本発のバイオマス産業化に結びつける技術開発をすべく，植物研究者と工学研究者が共同して，植物 CO_2 資源化研究拠点ネットワーク（Network of Centers of Carbon Dioxide Resource Studies in Plants；NC-CARP）を立ち上げた。

3. 植物CO_2資源化研究拠点ネットワークの活動

植物 CO_2 資源化研究拠点ネットワークは，文部科学省の大学発グリーンイノベーション創出事業「グリーン・ネットワーク・オブ・エクセレンス（GRENE）事業」の一貫として 2011 年 11 月に船出した。ここでは，植物科学研究拠点とバイオマス変換・利用の拠点をネットワーク化し，植物育種からバイオリファイナリーまでを一貫して研究できる体制をつくることを目標とした。その結果，NC-CARP プロジェクトには，8 大学と 3 研究所の研究拠点で計 22 の研究室が参加し，学生を含めた参加研究者は 100 名を超えた。同時に，これらの一貫研究を担う大学院生および若手研究者の育成と企業との連携も行なってきている。このような日本初の一貫型植物 CO_2 資源化研究活動を通じて，バイオマスに関する新たな成果が得られつつある。そこで，このバイオマス研究の重要性とその成果を広く若い世代に知ってもらい，この将来性ある新分野に挑戦してほしいと考え，本書を発刊することとした。

4. 本書の構成と内容

本書では，循環型社会に向けて，植物からバイオリファイナリーまでを一貫したプロセスととらえ，その概要と技術開発の現状を紹介する。第 1 章～第 5 章は，植物の改変をテーマに，いくつかの重要なプロセスについて，その基本的な知識とその技術開発の現状について紹介する。第 6 章～第 8 章は，バイオリファイナリー研究の状況を紹介する。最後の第 9 章では，植物からバイオリファイナリー製品までのライフサイクルアセスメント（life cycle assessment；LCA）の取組みを述べる。

第 1 章では，「ゲノムのパワーで植物を変える」というテーマで，20 世紀後半から急激に発展してきた生物のゲノム研究をもとに，バイオマスに適した植物改変が現在いかに可能になったかが述べられている。とくに，DNA 研究の急激な進展により，ゲノム配列がさまざまな植物において安価かつ素早く解読できるようになったことから，現在ではバイオマスに適した植物を「デザイン」

してつくることが可能になっている。本章では，このデザイン化の現状について紹介している。一方で，遺伝子の改変には，植物への遺伝子導入が必要である。この遺伝子導入は依然として難しい植物も存在していて，本章ではそうした遺伝子導入技術の問題点とそれを克服するための方法についても述べている。

第２章では，植物バイオマスをつくりだすおおもとである，光合成の改変技術研究が紹介されている。光合成は，藍色細菌から陸上植物まで広く保存されている重要な機能であることから，これまではその普遍的な機構についての研究が主体であった。しかし，バイオマスへの期待の高まりとともに，光合成性能の比較をもとにした，光合成機能改変によるバイオマス生産性向上に関する研究が展開されるようになった。このような状況をもとに，本章では光合成の機構を概観したのち，光合成効率向上によるバイオマス作物の改良についての最新の研究が紹介される。

第３章は，「低肥料栽培への挑戦」というタイトルの付けられた章である。植物育種過程でのCO_2排出量をLCA評価すると，施肥におけるCO_2排出量がきわめて高いという結果となる。また，大量の窒素の投入は環境の悪化にもつながっている。したがって，循環型社会において，低肥料化は最も重要な植物育種技術のひとつである。本章では，植物の低栄養に対する適応機構研究の現状を紹介するとともに，この機構をもとにした，低栄養に適した植物の育種についての取組みを紹介している。とくに，遺伝子の改変を行ない，植物に低栄養耐性を付与する取組みや，地中の菌根菌との共生による栄養吸収の効率化の可能性について書かれている。

第４章は，植物のバイオマス増産に向けたデザイン化について述べている。植物ホルモンは植物の成長に欠かせない因子である。それでは，植物ホルモンを大量に与えたり，植物につくらせたりすることで植物を大きくすることができるかというと，そうではない。無秩序に増殖してしまい，植物を調和のとれた状態で大きくすることができない。そこで筆者らは，植物ホルモンのうち増殖に関連するサイトカイニンについて，いつどこでどのようにはたらくかをまず明らかにした。そして，その情報をもとに局所的に植物ホルモン合成を増強することで，バイオマス増産につながる方法を開発した。

バイオマス全体を増やすことに加え，バイオマスをリファイナリーに適した形に変えることもまた重要である。ゲノム解読などを介した植物遺伝子の機能解明は，バイオリファイナリーに適した植物の改変をもまた可能にしつつある。第５章では，まず木質バイオマスの基本的性質として，バイオマス成分が木質細胞の二次細胞壁に由来していることが述べられる。続いて筆者らが発見した新規の木質細胞分化誘導遺伝子を用いて，木質バイオマスの量と質を変えるという新たな取組みが語られる。この研究の延長線上には，木質バイオマスのオリジンである二次細胞壁の組成や結合を変えることにより，前処理や糖化を容易にしたり，セルロースなどのバイオマス成分を高品質にしたりするような技術開発が期待されている。

第６章では，バイオリファイナリーの現状とその研究が紹介される。オイルリファイナリーとバイオリファイナリーのちがいから始まり，現在のバイオリファイナリー製品について語られる。そのうえで，さらにバイオリファイナリーを発展させるために，ゲノム研究を利用して微生物中の遺伝子を改変し，これまでにないバイオリファイナリー工場として微生物をつくり出す研究についても紹介される。最後に，バイオリファイナリー技術を大量生産に結びつけるための課題とその展望について述べられている。

第７章では，「微生物を用いたバイオマスの利活用技術」というタイトルで，日本の伝統である微生物の利用に基づいた最新のバイオマス合成研究の現状が紹介される。はじめに微生物利用による製品の多様性と汎用性が語られたあと，新技術として，合成生物学的手法を用いた微生物によるバイオマスからのバイオプラスチック素材合成の可能性が述べられている。ところで，素材だけでなく，微生物は自分でバイオプラスチックをつくってしまうことを，読者の皆さんはご存知だろうか。この章の最後には，微生物を用いて新規高付加価値バイオマス素材である芳香族化合物の合成に挑戦する，筆者の研究が紹介される。

第８章では，バイオリファイナリーの出口として，植物最大のバイオ素材であるセルロースの利用が紹介されている。まず，セルロース繊維のいくつもの驚くべき性質が述べられる。天然セルロースはじつはチタン合金よりも変形しにくいという事実をご存知だっただろうか。これらセルロース繊維の特性についての説明に続いて，それを活かすことによりセルロースナノファイバーを複合材料へと利用することをめざした最新の研究が紹介される。

最後の第9章では，ライフサイクルアセスメント（LCA）を紹介する。LCAは，ある製品が生まれてから廃棄されるまでのあいだに，環境にどのような負荷をどの程度与えたかを評価する手法である。バイオマスは，大気中のCO_2を吸収・固定化することから，次世代の重要な資源のひとつとして期待されている。しかし，バイオマスを資源として利活用する際に各段階でCO_2の排出量をみていくと，化石資源の場合より多くのCO_2を排出していることもある。そのため，利活用技術の開発・導入をする際には，LCAを調査し，この結果を基に環境負荷の大きいポイントを改善することが必要となる。本章では，LCAの紹介とともにLCAの実際の応用例を示す。最後に，このLCAの進化型，持続可能性評価（life cycle sustainability assessment；LCSA）について紹介される。

目次

第1章 ゲノムのパワーで植物を変える

地球温暖化の抑制のためには，二酸化炭素（CO_2）放出の大幅抑制が必要である。CO_2 放出の大幅抑制のためには，石油や石炭などの化石資源を使った社会システムから，植物バイオマスを活用したエネルギーや物質生産を取り入れた社会システムに変換していく必要がある。そのため，食料生産と競合しない，もしくは共存できる方法で，植物バイオマスを確保するシステム開発が必要となる。エリアンサスやソルガムなどのイネ科草本植物はその生産性の高さから，エネルギーや物質生産に適した「バイオマス植物」として期待されている。しかしながら，これらの植物では育種による改良がまだ初期段階にあり，今後，エネルギーや物質生産に，より適した植物の選抜育種を進めていく必要がある。さらに，選ばれた系統に対して遺伝子組換え技術などの新しい育種技術を適用することにより，これまで植物の生育が難しかった不良環境でも育つような次世代バイオマス植物の開発が可能になると考えられる。本章では，困難とされていたエリサンアスとソルガムの遺伝子組換え技術の開発について，最新の研究成果を紹介する。

1.1　食料生産とバイオマス生産――競合と共存

急速な成長を続ける世界人口は2015年現在，70億人超を記録している。また，この人口増加は今後も続き，2030年には80億人，2050年には90億人を超えると予測されている[1)]。

人口増加に伴い，世界の食料需要も急激に増大した。この食料需要の増加に対して，今までのところ人類は，①農作物栽培時の化学肥料の多量投入，②灌漑地域の拡大による耕作適地の拡大と生産性強化，③育種改良による農作物の生産性の向上，の3つの取組みにより食料増産を達成してきた。しかし，①については，化学肥料を生産するときに化石資源によりつくり出した多量のエネルギー投入が必要になることや，そのエネルギー生産時に多量の CO_2 が放出されること，化学肥料の多用に伴う土壌流出が促進されること，②については，灌漑を行なうための淡水が不足してきていることから，従来の方法による食料の増産は限界にきている。今後，さらなる食料増産を達成するには，単位面積あたりの収量性が大きく，かつ耕作不適地でも生育できる植物を開発するなど，育種改良に依存する度合いが増えると予想される。

イギリス政府の予測によれば，2030年までに国際的には40％の食料増産を達成する必要がある[1)]。各種シンクタンクから出されている類似の人口動態予想もほぼ同様の結果となっている。今後，食料需要がますます増えると，食料生産と競合するバイオマス生産システムは徐々に受け入れがたいものになってくると予測される。このため今後は，①食料生産と競合しないバイオマス生産システム，もしくは，②食料生産と共存できるバイオマス生産システムの，いずれかのシステムの構築が必要となってくる（**図1.1**）。

①については，食料生産に直接的に影響しない木本植物（ユーカリ，ポプラ，アカシアなど）や草本植物（エリアンサス，ミスカンサス，スイッチグラス，

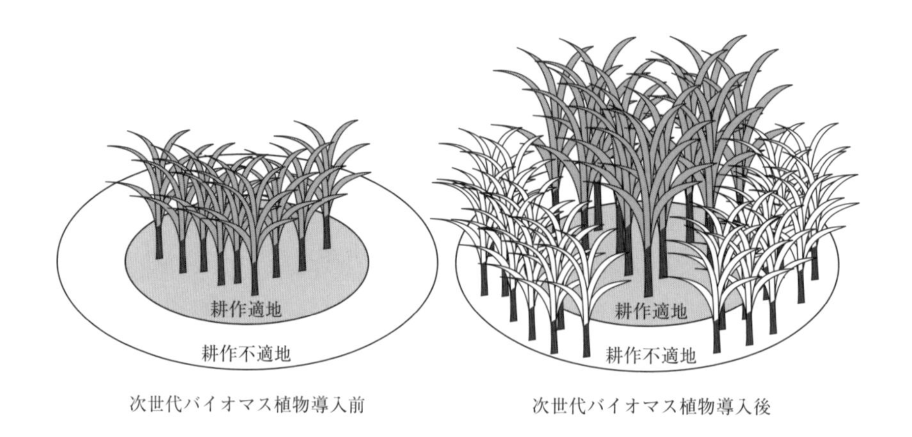

図1.1　食料と競合しないバイオマス生産

ネピアグラスなどのイネ科作物，ジャトロファやパームヤシなどの油糧作物）の利用が期待されている。この方法では，耕作不適地や耕作放棄地での生産を行なうことで，食料生産との競合を避けることができるが，一方，それらの土地でも栽培できるように植物を改良する必要があり，社会実装のハードルが高くなるだろう。一方，②については，トウモロコシ，サトウキビ，キャッサバなどの食料作物の生産性をいっそう強化することにより，その増産分をバイオマス生産システムとして活用する方法がある。この方法では既存の耕作地を活用するため，システム構築は容易であり，従来の育種改良の延長線上で実施できる点で優位性があるが，食料生産への影響を最小限にとどめるようなシステム運用が必要となるだろう。

本章では，食料生産と競合しない植物，共存できる植物両方の作出をめざした改良育種を可能にする最新の技術開発の現状について紹介する。

1.2　ゲノムパワーを引き出す植物の育種改良

ゲノムとは，生物がその生物となるのに必要な最小限の染色体セットのことである。モデル植物とされているシロイヌナズナは5本染色体が1セット，イネは12本染色体が1セット，果実のモデル植物であるトマトは12本染色体が1セットとなっている。これらのゲノムを構成している全DNA配列を解読した結果，シロイヌナズナには約26,000個（https://www.arabidopsis.org），イネには約32,000個（http://rapdb.dna.affrc.go.jp），トマトには約35,000個（http://solgenomics.net）の遺伝子が含まれていることが明らかになった。

さらに，植物の品種内での比較ゲノム解析の結果，同じ遺伝子でも品種間で性能にちがいがあることが明らかになってきている。たとえば，果実の成熟を促進する植物ホルモンとしてエチレンが知られている。エチレンは，植物がもつエチレン受容体というタンパク質に結合し，その結合情報が細胞の中に伝わることで果実の成熟に必要な遺伝子をはたらかせ，その結果として成熟が進行する。このエチレン受容体をコードしている遺伝子の塩基配列が1つ変化しただけで，成熟に必要な遺伝子をはたらかせる能力，つまり性能がちがってくることが知られている。このような性能のちがいにより，日持ちの長い果実品種や短い果実品種がつくられるのである。

これらの性能のちがいは，進化の過程で生み出された突然変異が選抜を受けて定着したものである。このような突然変異を人為的に誘発して活用する育種技術が，突然変異育種である。従来の植物育種とは，交配によりこれら性能のちがう遺伝子の交換を行ない，その作物を栽培する「場」と「目標」に合ったベストミックスの遺伝子セット（ゲノム）をもつ個体を選び出す作業，つまりゲノムパワーを引き出す作業であると定義できる。

1.3　植物の育種改良の手順

そもそも植物育種とはどのような技術なのだろうか。人類が寄り集まって集団生活をするようになるにつれ，集団を維持するために多くの食料が必要になり，それに伴って食料確保の手段が狩猟・採集から農耕・牧畜へと変化した。この農耕・牧畜への変換期以来，人類は食料としてよりよい形質をもつ作物や家畜を選んで育て利用しはじめた。これが育種の始まりである。育種が始まった太古から，人類は自然に発生した突然変異を人為的に残し，近代まで栽培してきた。一方，近代育種の歴史は短く，その幕開けは遺伝子によって性質が決まることを初めて示したメンデルの法則が1900年（明治33年）に再発見されたことに始まる。

育種とは，一般的に既存品種の不良形質を遺伝的に改良し，人類が希望する方向に生物機能を改変して，人類にとって有利な形質をもつ優れた集団をつくりあげることである。植物の育種改良は，①育種目標の設定，②育種素材の選定，③育種操作の実行，の３段階からなる育種計画の策定から始まる（**表1.1**）。

①の育種目標の設定とは，既存品種において改良すべき形質を設定することである。たとえば地球温暖化の影響で，暑い時期にトマトを着果させることが難しくなっている。この場合の育種目標は，「暑くても着果するような植物の作出」であろう。通常，育種には数年から数十年という長い歳月が必要となるため，育種目標は現在の社会ニーズを反映するだけでなく将来の社会ニーズの変化も予測して設定する必要がある。

②の育種素材の選定は，従来育種においては，既存の多様な素材のなかから

表 1.1　作物育種の基本的な流れ

ステップ	内　容
1	育種素材（遺伝資源）の収集
2	遺伝変異の拡大（交雑，突然変異誘導，遺伝子導入，ゲノム編集など）
3	遺伝変異の選抜（形態，DNA マーカーなど）
4	遺伝変異の固定（自殖，半数体育種など）
5	特性検定，生産力検定
6	種苗生産，栽培技術の標準化

育種目標に合致した素材を選定する。たとえばトマトの場合，気温 35℃を超えるような高温下では花粉発達が大きく抑制され，受粉のための花粉が生産されず，果実を付けることが難しくなる。ところが，トマトの多様な育種素材を調べてみると，花粉がなくても着果する素材が存在する。地球温暖化に適した品種の開発には，このような素材が有望である。通常，素材は育種家が有する素材や既存品種のなかから選ばれるが，ジーンバンクなどに保存された素材も利用できる。1993 年に生物多様性条約（Convention on Biological Diversity；CBD）が発効し，遺伝資源（素材）に対する保有国の強い権利が認められたことから，とくに遺伝資源の営利目的利用，たとえば育種素材として自由に利用することが難しくなってきている。そのため，既存の素材の突然変異処理により人工的に開発した育種素材に対する期待が高まっている。

③の育種操作には，遺伝的変異の拡大，目的変異の選抜，選抜した変異の固定という一連の段階が含まれる。たとえばトマトの場合，高温での着果性は悪いが味のよい A 品種に，味は落ちるが高温で着果性のよい B 品種の性質を導入するには，まず，この 2 つの品種を交配して雑種をつくり，さらにこの雑種個体を自殖して次世代集団をつくる。この次世代集団には，高温着果性のある個体および，ない個体が含まれるが，A 品種と B 品種の性質が混じるので多様な形質をもった集団（遺伝的変異の拡大された集団）になる。この集団のなかから A 品種に似た味のよい性質をもち，かつ高温着果性のよい個体を選抜し（目的変異の選抜），この個体の自殖を繰り返しながら最終的には，味についてはA 品種の性質をもち，かつ着果性のよい系統につくりあげる（変異の固定）。

遺伝的変異の拡大技術には多様な手法がある。たとえば，従来育種法としてよく用いられているのが，胚・胚珠培養，染色体操作，細胞融合，人工交配，遺伝子組換え技術である。人工交配では，2つの異なる形質をもつ植物の掛け合わせを行ない，それら植物の染色体間の組換え，染色体内乗換えが起きることにより，遺伝的変異が導入される。交雑親は，育種目標に適合した遺伝的特性をもった品種から，交雑様式，両親の類縁関係，過去の交雑データにより決定する。掛け合わせ（交雑）に用いる親の遺伝的な差異により，近縁交雑と遠縁交雑に区別される。

遠縁交雑の場合，雑種胚が途中で枯死することがあるが，その場合，胚・胚珠培養技術を使って雑種が得られる場合がある。胚・胚珠培養技術は，発育が停止する前の未熟な胚を試験管内で人工的に育てる技術である。これにより，本来なら発育停止してしまう胚を救済し，個体に育成することができる。ハクサイとキャベツ（別名，カンラン）の雑種であるハクランという野菜は，この方法により開発された新型野菜である。

胚・胚珠培養技術でも救済できない場合，細胞融合が検討される。細胞融合は，雑種をつくりたい2種類の植物細胞から，プロトプラストという「裸の細胞」（細胞壁を酵素で取り除いた細胞）をつくり，それらを電気的もしくは化学的に融合させ，その融合細胞から植物体を再生する方法である。これにより，交雑できない植物どうしの雑種の作成が可能になる。自殖性作物（同一個体の花粉を受粉することで種子が取れる植物）の交雑育種法では，遺伝的に異なる品種を交雑し，その後は自殖により集団を養成し，個体・系統の淘汰・選抜を繰り返す。

人工交配は，両親の遺伝構成を一度シャッフルして，目的にあった遺伝構成の個体を選ぶ作業である。選抜過程に数世代を要するため，長い時間がかかるという欠点があるが，質的形質や量的形質にも適用可能で，育種の基本となる遺伝的変異拡大法である。

また，育種目標にあった交雑可能な育種素材が入手できない場合，化学薬剤，放射線および組織・細胞培養による突然変異誘発技術も利用される。突然変異の誘発は，人工交配による変異拡大に比べ，いくつかの利点がある。まず，生殖様式から交配育種を選択しにくい，栄養繁殖性の作物にも適用可能であること，次に，既存の遺伝資源のなかにない突然変異を誘発できる可能性があること，さらに，改良する品種の遺伝子型を全体として変えることなくピンポイントで特定形質を改良できること，である。一方，欠点としては，一般に突然変異では有用変異形質が現われる確率が低く，目的変異選抜のためには膨大な数の個体の選抜操作をする必要があること，そのためきわめて大きな時間と労力が必要なこと，得られる変異のほとんどが遺伝的に劣性となること（劣性形質をハイブリッドであるF1品種の開発に使用する場合，両方の親に変異遺伝子を導入する必要があり，時間がかかる），突然変異の誘発箇所を人為的に操作できないこと，などがあげられる。

1.4　遺伝子組換え育種技術——従来の育種の壁を越える，加速する

前の段落で紹介した遺伝的変異の拡大技術のひとつとして，遺伝子組換え技術がある。遺伝子組換えは，改良したい植物のゲノムの中に外から遺伝子を導入して機能させる技術である。その結果，ゲノム内で遺伝子機能の新しいバランスが生じる，もしくは導入遺伝子により新しい機能が付加され，結果として植物の性質に変化が生じる。

植物への遺伝子導入法としては，パーティクルガンによる方法とアグロバクテリウムによる方法のおもに2つがある。パーティクルガンによる方法では，金やタングステンなど微細な金属粒子の表面に組み込みたい遺伝子を付着させ，火薬や高空気圧を使って銃の要領で物理的に植物細胞に遺伝子を打ち込む。植物材料としては，未成熟胚や未成熟穂，カルスなどを用いる。パーティクルガンによる遺伝子導入後，無菌培養を行ない，遺伝子が導入された細胞から植物体を再生させる。この方法では，導入された遺伝子の断片化など遺伝子が正しく導入されない場合が多く，効率を向上させることが課題となっている。

一方，アグロバクテリウム法による遺伝子導入では，植物細胞・組織に対してアグロバクテリウムを介した遺伝子導入を行ない，不定胚もしくは不定芽経由で組換え植物体を再生する。アグロバクテリウムは，植物に感染して根頭癌腫病を引き起こす細菌であり，感染の際に自らのDNAの一部を植物のゲノムに組み込み，感染と寄生に必要な因子を植物につくらせている。アグロバクテ

リウムがもつこの特殊能力を利用して，組み込みたい遺伝子をアグロバクテリウム細菌細胞内に保持させ，その細菌細胞を遺伝子を組み込みたい植物の細胞に感染させる。アグロバクテリウム法は，パーティクルガン法に比べ，一般的に遺伝子導入効率が高い，遺伝子が断片化されにくいなどの利点から，近年では植物への遺伝子導入法として広く普及している。

遺伝子組換え技術を用いることにより，従来育種の壁を越えることが可能になる。たとえば，世界中に広く普及している遺伝子組換えトウモロコシは，害虫に対して毒性を有するタンパク質（Bt タンパク質）をつくる微生物由来の遺伝子を植物ゲノム中に導入し，植物にその毒性タンパク質をつくらせることによって害虫に対する抵抗性形質を植物に付与している。また，除草剤抵抗性の遺伝子組換えダイズでは，除草剤を分解する酵素をつくる微生物由来の遺伝子をダイズゲノムに導入することにより，ダイズに除草剤抵抗性を付与している。さらに，「青いバラ」は，バラと交配できない他の花卉（かき）植物から単離した遺伝子をバラに導入することで，新しい花色をつくりだすことに成功した。以上の例は，従来の育種技術ではつくり出すことができなかった新植物であり，遺伝子組換え技術の利用で実現できた品種改良である。

植物ゲノム内の遺伝子バランスを変えることにより，既存の形質を強化したり新しい形質を引き出したりすることが可能になる。従来育種では，このような遺伝子バランスの改変法として突然変異誘発技術がもっぱら使われてきた。しかしながら上述のとおり，突然変異誘発による育種にはさまざまな欠点がある。近年，ゲノムに含まれる DNA 配列を高速で解読する次世代高速シーケンサーなどの技術革新により，作物の重要形質発現の分子機構の理解が急速に進んでいる。そして，その知見と遺伝子組換え技術を使って，植物ゲノム内の既知の遺伝子の発現を操作し有用な形質を改良することが可能になっている。遺伝子組換え技術を使うことにより，形質を変えたい系統そのものを対象とし，優性形質として改良することができる。突然変異育種の場合，上述のとおり新しい形質が劣性形質として得られる場合が多い。そのため，ハイブリッド品種（F1 品種）として実用品種につくりあげていくには，まず変異体を選んで，交配により劣性変異遺伝子をハイブリッド品種の親系統の双方に移していく必要がある。一方，遺伝子組換え技術では，優性形質として F1 品種の親系統に直接導入することが可能になり，従来の育種改良に比べて迅速な育種が可能である。つまり，育種を加速することができる。

また，従来の外来遺伝子導入法を用いた遺伝子組換え法以外にも，ゲノムの配列ではなく構造自体を変化させることにより遺伝子発現を制御するエピジェネティクスを利用した遺伝子発現制御法や，人工制限酵素を用いてゲノム中の狙った場所を改変する遺伝子ターゲティングなど，NPBT（new plant breeding technique）と分類される新しい技術開発も進んでいる。

1.5　イネ科バイオマス植物の改良戦略

イネ科植物は，他の植物に比べて生産能力が高いことから，バイオマス植物として有望視されている。とくに，物質生産性が高く，粗放栽培（栽培に手間暇をかけないで栽培する方法）ができるエリアンサス，ミスカンサス，ネピアグラス，ソルガムなどイネ科植物がバイオマス植物として注目されている（**表 1.2**）。C4 植物（第 2 章参照）に分類されるこれらのバイオマス植物は，いずれも高い CO_2 吸収能力を備え，強光条件下でも活発な光合成能力を発揮できる。つまり，高いバイオマス生産能力を有しているといえる。実際に，これら C4 バイオマス植物は, 20 トン /ha 程度のバイオマス生産性を有するイネ（C3 植物）の 2 倍から 4 倍程度のバイオマス生産性を有すると報告されている。しかしながら，イネ，ムギ，トウモロコシなどの主要穀類に比べて，エリアンサス，ミスカンサス，ネピアグラス，ソルガムなどのバイオマス植物の育種改良はまだ初期段階にあり，栽培作物として育種改良の余地が大きく残されている。

これらの植物種をバイオマス植物として利用するためには，利用者ニーズに合った育種改良を行なっていく基盤づくりとともに，形質改良に有望な遺伝子が発見された場合に遺伝子組換え技術などの分子育種技術を機動的に活用できる基盤づくりが必要である。育種改良の基盤づくりとしては，まず育種素材の収集・評価，有望素材の選抜，交雑育種法の確立，種苗生産・供給法の確立が必要になる。また，分子育種技術の基盤づくりとしては，遺伝子組換え技術の開発に不可欠な安定した植物体再分化技術の開発に加え，その再分化系を活用した組換え体作成技術の開発が必要である。最後に，得られた組換え体の野外

表 1.2　バイオマス植物の生産性比較

植生地域	種類			収量（乾燥トン/ha・年）	データ取得地域
熱帯	イネ科	ネピアグラス	多年生	84.7	プエルトリコ
熱帯	イネ科	サトウキビ	多年生	64.1	ハワイ
亜熱帯	イネ科	ギニアグラス[a]	多年生	51.1	沖縄県（石垣島）
亜熱帯	イネ科	サトウキビ	多年生	49.5	沖縄県（本島）
温帯	イネ科	バミューダグラス	多年生	30.1	米国テキサス州
温帯	イネ科	ペレニアルライグラス	多年生	26.6	ニュージーランド
温帯	イネ科	ソルガム	一年生	46.6	米国カリフォルニア州
温帯	イネ科	トウモロコシ	一年生	34	イタリア
温帯	イネ科	イネ[b]	一年生	19.7	岩手県
温帯	イネ科	エンバク[c]	一年生	16.4	兵庫県
温帯	イネ科	スイッチグラス[d]	多年生	16	米国
温帯	イネ科	ジャイアントミスカンサス[e]	多年生	60	米国イリノイ州
温帯	イネ科	エリアンサス[f]	多年生	86	熊本県

バイオ燃料技術革新協議会・バイオ燃料技術革新計画（平成20年3月）より抜粋。
[データ出所]
注釈なし）J. P. Cooper (1975) Productivity in different environments, pp.621, Cambridge Univ. Press
a）Nakagawa, H. and Momonoki, T. (2000) Yield and persistence of guineagrass and rhodesgrass cultivars on subtropical Ishigaki Island. *J. Grassland Sci.*, **46**, 234-241
b）農林水産技術会議事務局（1987）
c）農林水産技術会議事務局（1986）
d）P. K. Vogel (1996) Energy production from forages. *J. Soil Water Conserv.*, **51**, 137-139 <上記：日本エネルギー学会「バイオマスハンドブック」p.31から抜粋>
e）NEDO：海外レポート No. 969（2005.12.14）
f）九州沖縄農業試験所研究推進会議 畜産・草地推進部会資料（2004）

栽培に向けた評価法の確立も必要となる。

上述のバイオマス植物のうち，エリアンサスやソルガムについてはすでに国内で育種改良の基盤づくりが行なわれている。たとえば九州沖縄農業研究センターでは，エリアンサス育種改良の基盤づくりが行なわれており，ソルガムについては筑波の農業生物資源研究所で，遺伝資源の収集・評価とともに重要形質解析のためのコアコレクションが選ばれている。また，名古屋大学や岡山大学では，ソルガム遺伝育種研究の基盤がつくられている。しかし，分子育種技術の基盤としては，エリアンサスについては再分化系の報告がわずかにあるのみであり[2)]，ソルガムについても海外からの報告はあるものの，国内では安定した再分化系の報告すらなく形質転換体を作成できる研究グループはなかった。

そこで，エリアンサスとソルガムの組換え技術開発について，これまでの歴史と筆者らの最近の取り組みについて紹介したい。

1.5.1　エリアンサス

エリアンサスはサトウキビの近縁種とされており，*Erianthus arundinaceus*（syn. *Saccharum arundinaceus*），*E. ravennae*（syn. *Saccharum ravennae*）などが実験的に使われている（**図 1.2**）。*E. arundinaceus* は，乾燥耐性など不良環境での生育に適した特性をもつため，サトウキビの交雑育種の素材としても活用されている。*E. ravennae* はヨーロッパ南部が原産で，園芸植物として利用されている。いずれも粗放栽培が可能で，高い生産性を示すことから，バイオマス植物としての期待が増大している。

エリアンサスのバイオマス植物としての特性をさらに向上させるために遺伝子組換え技術による改良が検討されているが，遺伝子組換え技術開発を行なう前段階として，安定しかつ高効率の植物体再生法を確立することが必要である。現在までに，*E. ravennae* の植物体再生系については，成熟種子から再分化能力の高いカルスを誘導・選抜し，得られたカルスから植物体を再生する 1 例が

E. ravennae　　　*E. arundinaceus*

図 1.2　エリアンサスの事例

報告されているのみである[2)]。得られたカルスは，植物体再分化能力を保持した状態で継代・維持することが可能である。*E. arundinaceus* についても，同様の手法による植物体再生を行なった1例が報告されている[3)]。これらの先行研究ののち現在に至るまで，両種について遺伝子導入技術についての報告はない。

筆者のグループでは，2種類のエリアンサス，つまり *E. arundinaceus* と *E. ravennae* について組換え技術の開発に取り組んでいる。*E. ravennae* については，すでに報告されている植物体再生系[2)] を基盤に，アグロバクテリウム法による組換え技術を開発した（**図 1.3**）。まず，カルス誘導培地で完熟種子の無菌培養を行ない，一次カルス形成を誘導した。形成されたさまざまなタイプのカルスのなかから，植物体に再分化する能力が高いカルスを選抜し，同じカルス誘導培地で増殖する。ここで増殖能力と再分化能力の高いカルスを選抜・増殖することが，最終的な組換え体獲得の正否を左右する。続いて，このカルスにアグロバクテリウム法により遺伝子導入処理を行なう。遺伝子が導入されたカルスは，目的遺伝子と同時に抗生物質への耐性をもつようにデザインされており，抗生物質耐性をもつカルスを選抜して培養し，最終的に導入遺伝子をもつ

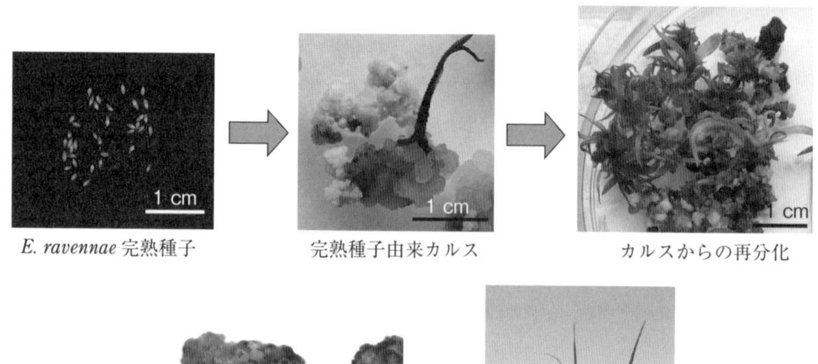

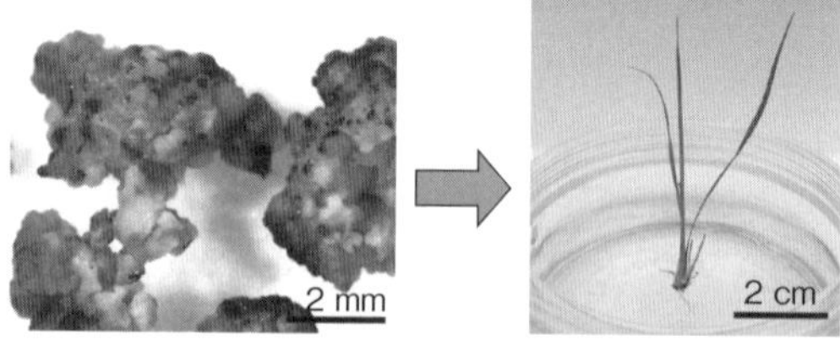

図 1.3　エリアンサスの再分化系と形質転換体作成（口絵参照）

植物体が再生された。完熟種子からスタートする遺伝子導入はとても利便性の高い技術であり，*E. ravennae* でこの技術が確立された意義は大きい。

E. arundinaceus についても，*E. ravennae* と同様の方法で植物体再生系の開発に取り組んだ。われわれが使用した *E. arundinaceus* は，筑波大学内では開花前に寒さが到来し採種が困難であったことから，少ない種子を無菌播種し得られた植物体を試験管内で株分け増殖し，その茎頂部分を約 2 カ月以上培養することで，ほぐれやすい良質のカルスを得ることに成功した。このカルスは同じカルス誘導培地で増殖することが可能であり，高い植物体再分化能力を有していた。このカルスを用いて，今後はアグロバクテリウム法により遺伝子導入技術が確立できるものと期待している。

1.5.2　ソルガム

ソルガムは粗放栽培が可能な飼料作物であることから，わが国でもバイオマス植物としての期待が高まっており，遺伝子組換え技術を活用した育種プロジェクトが検討され，その前段階として安定した遺伝子組換え技術の確立が試みられている。

ソルガムの場合，上述のパーティクルガン法とアグロバクテリウム法，両方の手法による遺伝子組換え例が報告されており，パーティクルガン法による形質転換効率は 0.2～0.3 %[4,5]，アグロバクテリウム法による形質転換効率は 2.1～33 %[6～8] とそれぞれ報告されている。パーティクルガン法による形質転換効率はかなり低く，効率の向上が課題である。アグロバクテリウム法による形質転換では，品種・系統のちがいが効率のちがいに大きく影響しており，形質転換技術を実際のソルガム育種に活用する際には，多様な品種系統に活用できる形質転換技術の開発が課題である。しかし，いずれの報告でも，育種技術として日常的に活用できるレベルには至っていない。

従来のソルガムの組換え技術では，遺伝子導入を行なう細胞としてもっぱら未成熟胚が使われてきた。未成熟胚を用いた実験を行なうには，開花状態の植物体を育てておく必要があり，未成熟胚の確保が遺伝子導入操作の律速になる。他の多くの植物種のように，成熟種子を起点として遺伝子導入操作ができればきわめて利便性が高い。

筆者のグループでは，成熟種子，もしくは成熟種子から育成した無菌植物の一部を使って胚性カルスを誘導し，それに対して遺伝子導入操作を行なうプロトコルの確立に挑戦した。しかしながら，カルス誘導まではできたものの，再分化能力の高い胚性カルスとはならず，植物体再生には至らなかった。カルス誘導時点で，さまざまな形態をもつカルスが誘導されているので，それらのなかから胚性カルスを選ぶことができれば，成熟種子を使った組換え技術の確立につながるかもしれない。

そこで，先に記載したソルガムの既報を参考に，未成熟胚を利用して遺伝子導入操作を行なう植物体再生プロトコルの確立に取り組んだ（**図1.4**）。はじめに未成熟胚からカルス経由で植物体を再生する系の確立に取り組み，未熟種子から未成熟胚を取り出して培養することで，安定してカルス経由で植物体再生を誘導することが可能になった。現在，この植物体再生系を利用してアグロバクテリウム法による β-グルクロニダーゼ（GUS）遺伝子の導入を試みている。GUS遺伝子が植物細胞内に導入され機能すると，X-Glucという試薬で処理したときに遺伝子導入細胞が青く染まるので，遺伝子が導入されていることが目

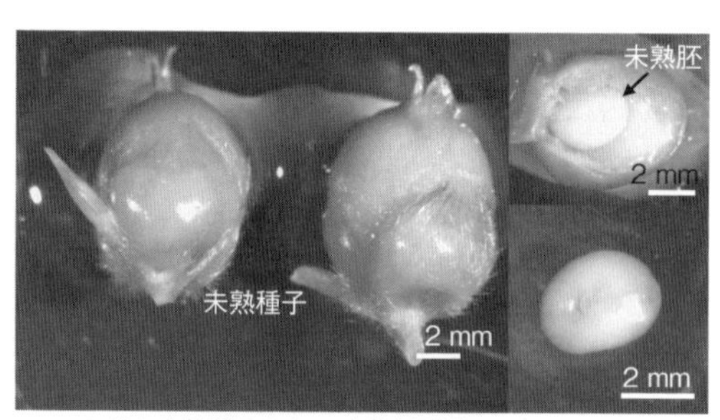

ソルガム未熟種子からの未熟胚単離

未熟胚からカルスを経由して得られた再分化個体

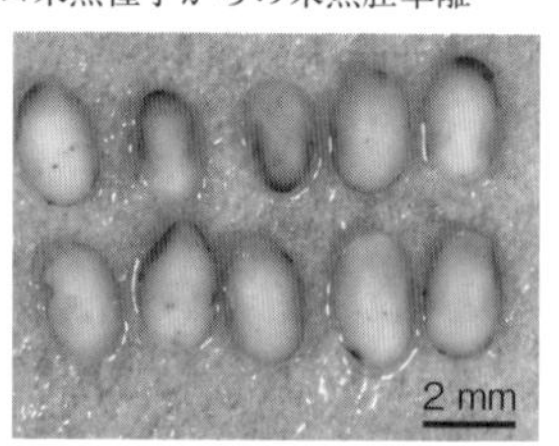

未熟胚へのGUS遺伝子導入

図1.4　ソルガムの再分化系と形質転換体作成（口絵参照）

視で識別できる。遺伝子導入処理条件の最適化を行なった結果，安定して未成熟胚にGUS遺伝子を導入することが可能になった。これらの遺伝子導入未成熟胚からの植物体再生に取り組み，遺伝子導入された再生個体を確認している。われわれの成果により，ソルガムにおいて未成熟胚を利用した遺伝子導入技術確立のめどが立ったものと考えている。

1.5.3　遺伝子組換えバイオマス植物の環境影響評価試験

得られた遺伝子組換え植物を一般栽培するためには，その植物を野外で栽培した場合に，導入遺伝子が拡散し周辺環境に影響を及ぼすかどうかを調査する必要がある。想定される導入遺伝子の拡散は，花粉を介しての拡散である。導入遺伝子の影響が懸念される場合というのは，花粉が拡散して周辺に生えている在来の種もしくは近縁種と交雑し，種子が形成されて，その種子から育った植物がほかの植物との競合に打ち勝って優占種となる場合である。したがって，花粉飛散の有無，および交雑可能な在来種もしくは近縁種の存在の有無が，環境影響評価においては重要なポイントとなる。

われわれは，非組換え体をモデルとして，エリアンサスをつくば地域で栽培する場合の環境影響調査を進めた。2012年5月より筑波大学の隔離ほ場で非組換えエリアンサスを生育させて特性調査を行なっている。2012年と2013年の2年間，つくばの気候条件下では *E. ravennae* は11月に種子の収穫が可能であったが，*E. arundinaceus* では穂の形成が遅く，出穂・開花に至らなかった。しかし3年目は *E. arundinaceus* も11月上旬に出穂した。しかし，11月以降の平均気温は10℃以下と低いため，*E. arundinaceus* の完熟種子を得ることはできなかった。これらの調査から，もし，花粉が飛散して近縁種と交雑したとしても，季節的に種子形成には至らないと判断した。また，つくば地域にはエリアンサスの在来種や近縁種の記録はなかったことから，*E. ravennae* は種子を生産できるが，*E. arundinaceus* は年によっては出穂・開花するが種子生産には至らない，つまり遺伝子組換えエリアンサスをつくば地域で栽培しても環境に対する影響は考えられないと判断した。

1.6　応用への期待と今後の課題

植物基礎研究の成果として，光合成能力をアップできる遺伝子（第2章参照）や，不良土壌での生育を促進することが期待される遺伝子（第3章参照）が明らかになってきた。世界の不凍結土壌の30％は酸性土壌であり，作物の生育には不適地である[9]。現在までに，植物細胞の膜輸送体の遺伝子を改変することで酸性土壌など不良土壌での生育を大幅に改善できることが示されており，各種作物での実証研究がスタートしている[10]。また，細胞膜に局在するプロトンATPアーゼ遺伝子を制御し，気孔の開閉を制御することで光合成効率をアップし，バイオマス生産性が向上できることもモデル植物を使った実験で示されている[11]（第2章参照）。これらの遺伝子をエリアンサスやソルガムなどのバイオマス植物に組み込むことで，不良土壌でのこれらの植物の生育を可能にし，バイオマス生産性を向上できるものと期待できる。

このような植物バイオマスの量的増産に貢献できる遺伝子研究に加え，質的改良に貢献できる遺伝子研究も進展している。たとえば，イネの遺伝子発現を制御する転写因子，NACの発現制御を行なうことで，細胞壁に含まれるリグニンやキシロースの含有量を減らし，糖化効率の上昇など細胞壁の質的改変が可能となることが実証されている[12]。また，細菌由来の遺伝子を植物に導入することによって，植物バイオマス中の主要成分でもあり加工適性に大きな影響を及ぼすリグニンの加工適性を向上する研究が，モデル植物で進んでいる[13]。これらはモデル植物を使った概念実証段階の研究であるが，バイオマス増産技術と組みあわせて実装できれば，植物バイオマスを使ったエネルギー生産，素材生産の製品コストの低減が期待される。

以上のように，植物バイオマスを利用した持続的なエネルギー生産および素材生産を可能にする要素技術の開発は，現在着実に進んでいる。今後の課題は，それらの要素技術をバイオマス植物に適用していくことである。われわれの実施した研究開発のなかで，エリアンサスについては遺伝子組換え技術が確立され，重要育種形質の改良への貢献が期待される遺伝子の導入を開始している。ソルガムについても，遺伝子組換え技術の確立を着実に進めており，同様に重要育種形質の改良への貢献が期待される遺伝子の導入が可能になると考えている。

技術開発の段階としては，開発される次世代バイオマス植物を利用する「場」の設定が重要となる。開発された次世代バイオマス植物は組換え植物であり，社会実装にあたってはカルタヘナ法に従った環境影響評価などをクリアしていく必要がある。さらに，遺伝子組換え技術でつくられる組換え体は，遺伝子の導入された場所や導入された遺伝子数によって実際に植物体の表現型に強弱が出ると予想される。それらの組換え体のなかから栽培場所に最も適した系統を選び，種苗の増殖技術・供給システムを構築することが必要になる。

現在，次世代バイオマス植物開発のための要素技術がそろいつつある。次のステップである社会実装に向けて，持続的なエネルギー生産・利用システムのなかで開発してきた技術をどのように活用していくかを明確にし，そのためにどのような生産・利用体系が必要になるのか，生産する場所を想定しその場所に適したバイオマス植物の性能，種苗の生産・供給，植物の栽培，収穫，回収，加工・利用を想定した仕組みづくりが必要である（第9章参照）。これらは単独の実施者では実行することは不可能であり，産官学連携の一気通貫型開発が必要である。

これまでの化石資源を基盤にした社会システムから，再生可能資源を基盤にした持続可能な社会システムに移行することは地球規模の課題であり，産業界にとっても大きなチャンスである。

参考文献

1) Foresight. The Future of Food and Farming (2011) Final Project Report, 49–74. The Government Office for Science, (https://www.gov.uk/government/uploads/system/uploads/attachment_data/file/288329/11-546-future-of-food-and-farming-report.pdf)
2) Shimomae, K. *et al.* (2013) Efficient plant regeneration system from seed-derived callus of ravenna grass [*Erianthus ravennae* (L.) Beauv.]. *Plant Biotech.*, **30**, 473–478
3) Uwatoko, K. *et al.* (2011) Establishment of plant regeneration system in *Erianthus arundinaceus* (Retz.) Jeswiet, a potential biomass crop. *Grassland Sci.*, **57**, 231–237
4) Casas, A. N. *et al.* (1993) Transgenic sorghum plants via microprojectile bombardment. *Proc. Natl. Acad. Sci. USA*, **90**, 11212–11216
5) Casas, A. N. *et al.* (1997) Transgenic sorghum plants obtained after microprojectile bombardment of immature inflorescences. *In Vitro Cell. Dev. Biol. - Plant*, **33**, 92–100
6) Zhao, Z. -Y. *et al.* (2000) *Agrobacterium*-mediated sorghum transformation. *Plant Mol. Biol.*, **44**,

789-798

7) Gurel, S. *et al.* (2009) Efficient, reproducible *Agrobacterium*-mediated transformation of sorghum using heat treatment of immature embryos. *Plant Cell Rep.*, **28**, 429-444

8) Wu, E. *et al.* (2014) Optimized *Agrobacterium*-mediated sorghum transformation protocol and molecular data of transgenic sorghum plants. *In Vitro Cell. Dev. Biol. - Plant,* **50**, 9-18.

9) von Uexkull, H. R. and Mutert, E. (1995) Global extent, development and economic impact of acid soils. *Plant and Soil,* **171**, 1-15

10) Schroeder, J. I. *et al.* (2013) Using membrane transporters to improve crops for sustainable food production. *Nature,* **497**, 60-66

11) Wang, Y. *et al.* (2014) Overexpression of plasma membrane H^+-ATPase in guard cells promotes light-induced stomatal opening and enhances plant growth. *Proc. Natl. Acad. Sci. USA,* **111**, 533-538

12) Yoshida, K. *et al.* (2013) Engineering the *Oryza sativa* cell wall with rice NAC transcription factors regulating secondary wall formation. *Front. Plant Sci.,* **4**, 383

13) Tsuji, Y. *et al.* (2015) Introduction of chemically labile substructures into *Arabidopsis* lignin through the use of LigD, the C-dehydrogenase from *Sphingobium* sp. strain SYK-6. *Plant Biotech. J.,* **13**, 821-832

第2章

光合成の効率向上とスーパーバイオマス

光エネルギーを使って水とCO_2から炭水化物と酸素を生じる光合成は，クリーンエネルギーとしての応用が期待されている。一方で，これまでの光合成研究は，細菌（バクテリア）から陸上植物まで広く保存されている普遍的な機能の解明に力が注がれており，バイオマス生産性向上への応用といった観点の検討は積極的にはされてこなかった。最新の研究から，光合成の基本装置を改変するのではなく，むしろその阻害作用を緩和することで，光合成効率を強化できることが明らかになりつつある。言い換えれば，これまでの研究で明らかにされてきた光合成基本装置の設計図に関する知識に加え，それらの要素を改変することで，バイオマスの生産性向上に結びつける研究が展開されつつある。本章では，光合成反応の基本機構をわかりやすく概説するとともに，光合成効率向上によりバイオマス作物の改良を可能にする最新の研究について紹介する。

2.1　光合成は難しい？

「光合成」と聞いて読者はまず何を連想するだろうか。この問いに対する答えとして，「教科書で習ったから知っている」，「地球の大気環境を維持している反応」，「植物の成長に必要な反応」，「光エネルギーを利用して水（H_2O）と二酸化炭素（CO_2）からグルコース（$C_6H_{12}O_6$）と酸素（O_2）を生成する反応（$6\ H_2O + 6\ CO_2 \rightarrow 6\ C_6H_{12}O_6 + 6\ O_2$）」などの反応が返ってくるであろうことが筆者には思い浮かぶが，総じて「光合成とそれらの諸反応は難しい」という印象をもっている方が多いのではなかろうか。

光合成は，細菌から藻類，一年生植物，樹木にまで保存された生物機能であり，研究の対象となる材料もさまざまである。光エネルギーを化学エネルギーに転換する光化学系，CO_2 を取り込んで有機物を生成する炭酸固定系の諸過程は，ミクロレベルの生物学にとどまらず，物理化学的手法による解析が必要となる。さらに個体や集団レベルでのマクロな光合成研究には，生理学や生態学的な手法を用いた解析が行なわれる。ひとことで「光合成」と言っても，どの材料を用いて光合成の何に着目するかによって，得られる結果も変わってしまうことがある。光合成研究者も，研究対象とする材料や光合成反応に集中するあまり，なかなか全体を見ることができないことがある。まさに「木を見て森を見ず」に陥りやすい。正直，筆者もそのように戸惑うことが多い光合成研究者の一人である。

光合成によって植物は，自身の生長に必要な糖をつくり出す。光合成の機構を知り，その活性を調整することにより，植物の生長を促進させ，植物バイオマスの生産性を向上させることができる。本章で光合成を理解するために，ここではガソリン自動車を植物の光合成に喩えて考えてみよう（**図 2.1**）。自動車は，ガソリンをエンジンのシリンダーで燃焼させてピストン運動を起こし，これをクランクシャフトに伝えてタイヤの回転運動に変換し，タイヤと地面との作用反作用により車を前進させる。光合成では，燃料にガソリンではなく光エネルギーを利用する。エンジンに相当するのが，光合成の光化学系（明反応）である。ピストン運動を起こす代わりに，アデノシン三リン酸（ATP）やニコチンアミドアデニンジヌクレオチドリン酸（NADPH）を化学エネルギーとしてつくり出す。シリンダーは２段階あって，それぞれが光化学系Ⅰ（PS I），光化学系Ⅱ（PS II）とよばれる[1~4]。車で駆動力を生み出すシャフトとギア，タイヤの部分は，光合成では炭酸固定（暗反応）に相当する。タイヤを動かす代わりに，大気中の CO_2 を有機物に転換して，5つの炭素を含む C5 化合物から炭素 6 つの C6 化合物を生じる反応に用いる。つまり，車での地面が光合成での CO_2 に，タイヤが C5 化合物に相当し，タイヤが回転する代わりに，C6 化合物がどんどん生成される。この C6 化合物をつくり出すための反応（カルビン・ベンソン回路）で，エンジンでつくられた ATP と NADPH が使われる。

ガソリン車では燃焼の副産物として CO_2 が排出されるが，光合成では副産物として酸素が排出される。光合成のエンジンである光化学系では，光に加え

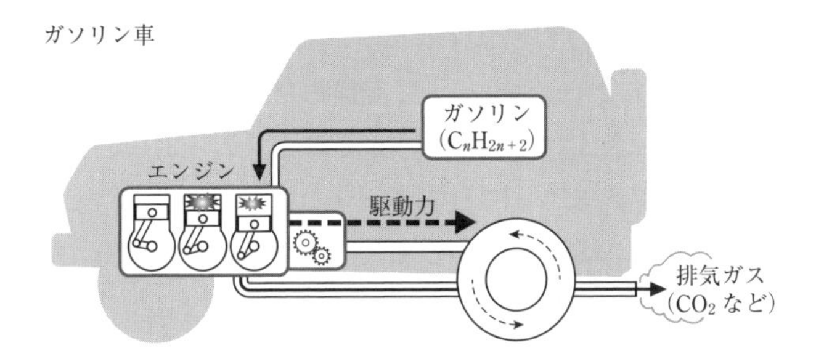

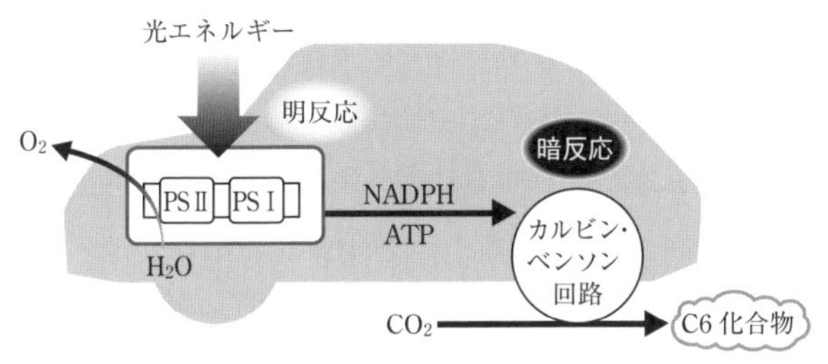

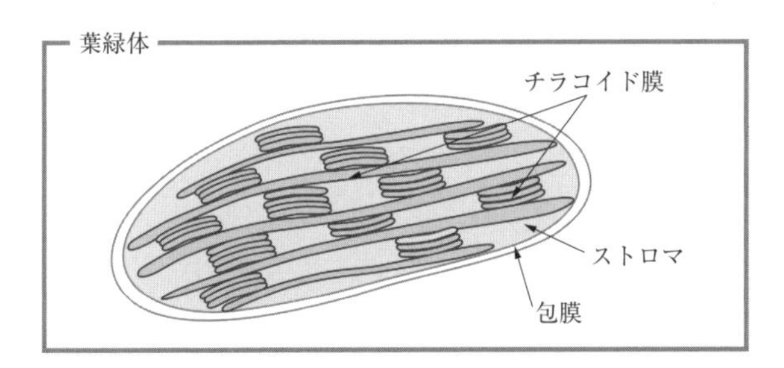

図 2.1　光合成を車に喩えた模式図

ガソリン車ではガソリンの燃焼により駆動力を生じて前に進むように，光合成では光エネルギーにより得た還元力（NADPH，ATP）を駆動力に CO_2 を固定して C6 化合物を生じる。これらの反応は葉緑体の包膜の中にあるコンパートメントで行なわれる。[原図提供：大西紀和氏]

て水も還元力（電子）の生成に必要で（これについては後述する），水から酸素が副産物として生じるからである。また，車が動くためには動力だけでなく，それらを保護するフレームも重要である。光合成装置は植物の葉緑体というボディに組み込まれており，光化学系は葉緑体の中のチラコイド膜，炭酸固定系はストロマという部分で行なわれる（**図 2.1**）。光合成装置だけでなく，フレームの耐久性やタイヤで CO_2 をどれだけ取り込むかによって光合成の性能も変わってくる。車の製造では，エンジン，動力，フレーム，タイヤなどそれぞれのパーツごとに詳細な設計図があり，さまざまなテスト走行を経て微調整され，車ができあがる。光合成についても同じような設計図はつくれそうだが，それぞれの細かな仕組みや調節作用ための部品がわかっていないことも多く，全部の詳細な設計図をつくり上げるのはなかなか難しい。

車のパワー（馬力）は，エンジンの出力とトルク（回転力）で決まる。従来，光合成では，エンジンに相当する光化学系の基本装置に差はなく，現在以上にパワーを上げることはできないと考えられてきた。最近の研究では，後述するように，基本性能とパワーは一緒でも，エンジンの持久性を高めることが重要であると認識されつつある。言い換えれば，光合成では急な坂道やアップダウンの繰り返しによってエンジンのオーバーヒートが起こりやすく，全体のパワーアップよりもエンジンの冷却系が重要な役割を担っている[5)]。一方で，シャフトからタイヤまでの駆動系は，トランスミッションをオートマに，二輪駆動を四輪駆動に，といった工夫でトルクを調節して性能に幅をもたせている。この駆動系に相当する暗反応でも，カルビン・ベンソン回路の基本構造は同じであるが，たとえば CO_2 を濃縮させるシステムを発達させてリブロース-1,5-二リン酸のカルボキシラーゼ反応を効率化させるチューンアップが可能である[6,7)]。このように，光合成では排気量は一定にして，駆動系のトルクを調節することで植物の生長力を高めている。さらに，駆動系だけではなく，車体によっても車の性能はずいぶん変わってくる。空気抵抗の少ない車体や，より軽いフレームを使えば燃費を向上させることができて，間接的にエンジン負荷軽減に寄与することができるし，丈夫なフレームで耐久性を高めることもできる。光合成でも，装置自体の機能性向上だけでなく，葉緑体自身の機能性を向上させることで持久力アップが可能となる。

以上，車に喩えたように，光合成の諸反応におけるパーツの研究は進んでいるが，性能アップのための設計図はなかなかつくられてこなかった。しかし，どこを改変すれば光合成効率を高めることができるか，という知見は蓄積されつつある。本章では，このような光合成装置の改良をめざした研究の試みについて概略するとともに，作物の生産性を向上させる最新の研究について紹介する。

2.2 光合成の効率向上と作物の改良

人類は長い歴史のなかで農耕により定住し，栽培化された作物をつくり上げてきた。一方で，科学的根拠に基づく作物の品種改良が行なわれるようになったのは，メンデル遺伝学が発展した20世紀以降であり，1960年代の「緑の革命」に象徴される食糧生産向上のために大きな貢献をしてきた。われわれが21世紀に直面する課題は，このような食糧生産のための品種改良に加えて，今後，化石燃料に代わる代替エネルギーとしての植物バイオマスに適した作物を開発することであり，そのような育種が将来進むと予想される。世界の人口は2050年までに90億人を超えると推定されており，今後の食糧安定供給に関する懸念が惹起されている[8)]。加えて，植物を原料とするバイオ燃料や化学製品の需要も増加し，それらの原料たるバイオマスの増産も急務となってくる。

このようなバイオマス育種のために，光合成効率の向上がどれだけ寄与できるであろうか。ここではまず，Longらの提唱する理論[9)]をもとに，光合成効率の変換による育種の可能性について考えてみる。

彼らは収量を上げるためのポテンシャル（Y_p）を設定し，これを単位面積あたりに一定の環境条件において収穫される産物の遺伝的背景と定義している。Y_pは以下の理論式により決まる。

$$Y_p = Q \cdot \varepsilon_i \cdot \varepsilon_c \cdot \varepsilon_p$$

ここで，Qはある作物が単位面積あたりに受ける光エネルギーの総量，ε_iはQにより受けた光エネルギーのうちこの作物に受容される光エネルギー量の効率，ε_cは受容される光エネルギーがバイオマスへ変換される効率，ε_pは生産されたバイオマスが収穫物へ転流される効率をそれぞれ示す。

この式によると，Qが一定であると考えれば，作物を遺伝的に改良するには3つの大きな要因があることになる。イネを例にとれば（**図2.2**），ε_iは草型による品種改良であり草丈や分蘖（ぶんけつ）などの改良，ε_pは全重における穀粒重比率（転流効率あるいはハーベストインデックスともよばれる）の改良により，それぞ

図 2.2　光合成の視点から提案された作物改良の遺伝的ポテンシャルのモデル
作物（イネ）は光合成に使われる単位あたりの光エネルギー（Q）に対して，それらを受容する効率（ε_i），それらをバイオマスへ変換する効率（ε_c），バイオマスを利用部位（もみ）へ転流させる効率（ε_p）により決定される。

れ増加すると考えられる。前述した緑の革命では，短稈遺伝子 *sd1* の導入により ε_i および ε_p が増加し，収量が 2 倍以上になった。

従来の育種では ε_p が 0.6 近くに達しており，Y_p への寄与度はほぼ飽和しつつある。同様に ε_i も 0.8 ～ 0.9 に達していると考えられる。一方で，ε_c は 0.02 にも満たないと考えられており，ε_c の向上すなわち光合成効率を向上させることは，作物の生産性向上に大きく寄与すると期待される。このモデルをバイオマス作物に当てはめると，バイオマス生産では収穫物が穀粒に限定されることがないので（第 6 章参照），作物によっては ε_p を下げ，代わりに ε_c を上げることで，バイオマス増産につなげることができると予想される。

Zhu ら[10] は，CO_2 濃度を大気と同じ 380 ppm から 550 ppm に上昇させてダイズを栽培した事例を用いて推計している。この場合にダイズの収量が 18.2%

増加した。この実験では，理論的にはε_iおよびε_pは同じであって，ε_cのみを0.032から0.038に上昇させたことになる。この結果に基づき単位エネルギー量（MJ/m^2）としてY_pを求めると，380 ppmでは10.6，550 ppmでは12.2となり，約15%のY_p増加が可能となる。これらの予測に基づけば，光合成効率の改善によるバイオマス作物生産性が期待できる。

2.3　光合成効率向上のターゲット

先で述べたように，光合成の効率向上によりバイオマス増加が見込まれるが，そのためには設計図のどこを改良していけばよいだろうか。ここでは基本的な光合成反応を紹介し，効率向上のターゲットとなる機能について対比させながら考えてみる。

2.3.1　光化学系の効率化——電子伝達と光阻害

光合成のエンジンである光化学電子伝達系は，チラコイド膜に配置された2つの光化学系，PS IおよびPS IIがその心臓部である（**図2.3**）。PS IIは光エネルギー転換反応の出発点であり，集光アンテナにより吸収された光子が反応中心のクロロフィル分子P680に集められて励起状態となり，チラコイド内腔側にある酸素発生系の内部にあるマンガンクラスターで水分子を分解し，プロトンと酸素を発生する。水分子から引き抜かれた電子はPS IIの反応中心からプラストキノンへ受け渡され，さらにプラストキノンからシトクロムb_6f複合体へ移動する。この際にプロトンがチラコイド内腔へ放出され，チラコイド膜の内側と外側でプロトン勾配が形成される。電子はシトクロムb_6f複合体からプラストシアニンを経てPS Iへ移動し，ここで再度反応中心P700により励起された電子がストロマのフェレドキシンへと渡され，$NADP^+$を還元する。一方で，チラコイド膜の内側と外側で形成されたプロトン勾配を利用してATP合成酵素が回転し，ATPが合成される。2つの光化学系による電子の励起と伝達はZスキームとよばれ，エンジンとしての直線的な反応を担っているので，直線的（リニア）電子伝達とよばれる[3,4]。

最近の研究では，光合成装置の機能向上はいくつかの素過程で十分可能であ

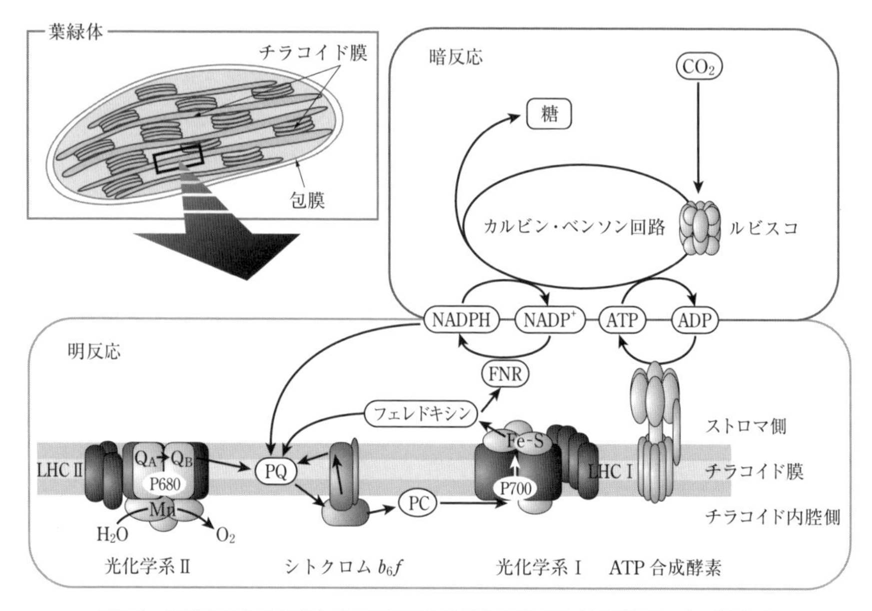

図 2.3　葉緑体における光合成の明反応と暗反応の概略図［原図提供：大西紀和氏］

ると認識されるようになりつつある[2~4]。その根拠となるのが，「光合成装置がつねに過剰な光により阻害作用を受けている」という近年明らかにされた事実である。車の例でいえば，エンジンは同じ性能でもオーバーヒートで破損してしまうことが多く，耐久性の工夫で光合成の活性を上げることができそうだ，ということがわかってきた。このオーバーヒートが「光阻害」とよばれる現象であり，光阻害を避けるための調節機構を変えることで，光合成効率の上昇が可能ではないかと考えられている[5,9,10]。車でいえば冷却システムに近い。以下に，これまでの研究で明らかとなった，光阻害を回避する3つの機構について説明する。

(1) **PS II の修復作用**：直線的電子伝達では，プラストキノンの酸化還元状態（すなわち電子の授受）がその反応に大きく影響する。PS II で P680 の励起反応が起こって，電子を受け取ったプラストキノンの還元状態が続くと，行き場のない還元エネルギーで PS II がオーバーヒートを起こしてしまい，エンジンが破損してしまう。PS II は過剰な励起エネルギーを貯めてしまうことになり，つねにオーバーヒート気味になっている。そのため，PS II は光阻害を最も受けやすいターゲットであると考えられている。とくに PS II の反応中心を構成するタンパク質 D1（あるいは PsbA）は最も損傷を受けるため，つねに分解と再構成を繰り返しながら PS II を維持している。この，PS II の光阻害を回避する機能を向上させることで，光合成の効率向上が見込まれる[2,5]。PS II を損傷から守る機構は，エンジンの耐久性向上（とくに燃焼部のシリンダーの保護）の役割を担っているといえる。別な言い方をすれば，光合成のエンジンはパワーアップのために 2 段階シリンダーを備えているが，これはオーバーヒートせずに耐久性を上げるための仕組みである。耐久性向上のために，植物は，電子の初発段階で酸化還元の電位差も高く，損傷の危険性の大きい PS II に集中して保護機能をもたせている。

⑵**集光アンテナ周辺での光エネルギー散逸**：光阻害を防ぐ初発段階としては，集光アンテナ周辺でのエネルギー散逸が有効である。PS II ではクロロフィルに吸収されたエネルギーの一部が熱エネルギーとして放散されることが古くから知られており，非光化学的消光（non-photochemical quenching の頭文字をとって NPQ）とよばれている。補助色素キサントフィルの一種であるビオラキサンチンは，光合成の電子伝達によりチラコイド内腔にプロトンが溜まり酸性化すると，脱エポキシ化されてゼアキサンチンとなり熱放散に寄与する。一方でプロトン勾配が緩和されるとエポキシ化されてビオラキサンチンに戻るので，キサントフィルサイクルとよばれている[3,5]。また，プラストキノンの還元状態によって PS II の集光アンテナが PS I に移動して過剰エネルギーの散逸に寄与することが知られており，これはステート遷移とよばれている。最近は，集光アンテナ自体にもエネルギー散逸機能があることも報告されつつある。まだ不明の点も多いが，これらの機能を強化することで，エンジンの耐久性を高めることができる可能性がある。

⑶**PS I の循環的電子伝達**：Z スキームとして述べた直線的電子伝達に代わる電子の流れで，フェレドキシンを経由した電子が $NADP^+$ へ渡されるのではなく，再度チラコイド膜のプラストキノンへ戻って PS I へ受け渡されることにより，電子の流れを維持する経路が知られている。この，PS II を介さない経路は循環的（サイクリック）電子伝達とよばれている[3,4]。循環的電子伝達には，

PGR5とよばれるタンパク質とチラコイド膜に局在するNAD複合体（ミトコンドリアのNADHデヒドロゲナーゼに類似するため，こうよばれている）を介した2つの経路が知られていて，ここではNADPHが産生されずにプロトン勾配が形成され，ATP産生のみに寄与する。循環的電子伝達によるプロトン勾配は，上述したNPQを誘導するので，プラストキノンプールの過還元状態が緩和され，エンジンをさらなるオーバーヒートから守る役割も担っている。

2.3.2　炭酸固定系の効率化――ルビスコとCO_2濃縮

これまで光阻害について詳しく述べてきたが，それ以外の光合成効率向上のターゲットとして，光合成の暗反応である炭酸固定反応について述べる。

カルビン・ベンソン回路で最も重要な反応は，C5化合物のリブロース-1,5-二リン酸（RuBP）がカルボキシル化されて葉緑体内のCO_2を取り込む反応で，これにより炭素が固定されて2分子のホスホグリセリン酸（PGA）ができる[1,6]。この反応を触媒するのがルビスコ（RuBPカルボキシラーゼ・オキシゲナーゼの頭文字をとってRubiscoとよばれている）であり，炭酸固定回路の律速段階である。ルビスコは他の酵素とは異なり，反応の効率という点において致命的な2つの特徴をもっている[6]。1つめは，その触媒活性がとても遅いことで，植物はこの律速を打ち破るために大きなエネルギーを使ってルビスコを大量に合成しなければならない。したがって，ルビスコの炭酸固定活性を向上させることで光合成効率を上げる研究は長らく試みられている。2つめは，CO_2を固定する反応以外に酸素を固定するオキシゲナーゼ反応をも触媒してしまうことで，これが光呼吸である。前述したルビスコの活性を上げる試みでは，このオキシゲナーゼ活性の制御が1つの障壁になっている。加えて，ルビスコのホロ酵素は4分子の大サブユニットと4分子の小サブユニットが会合した8量体であり，大サブユニットは葉緑体遺伝子にコードされ，小サブユニットは各ゲノムにマルチコピー遺伝子としてコードされているので，それらの改変は容易でないことも障壁になっている[11]。

ルビスコの構造変異での改良よりも，光合成活性向上の可能性が期待されているのが，「ルビスコ周辺におけるCO_2の濃縮」である（**図2.4**）。トウモロコシなどのC4植物では，ルビスコによる炭酸固定とは別に，C3化合物である

C3 植物

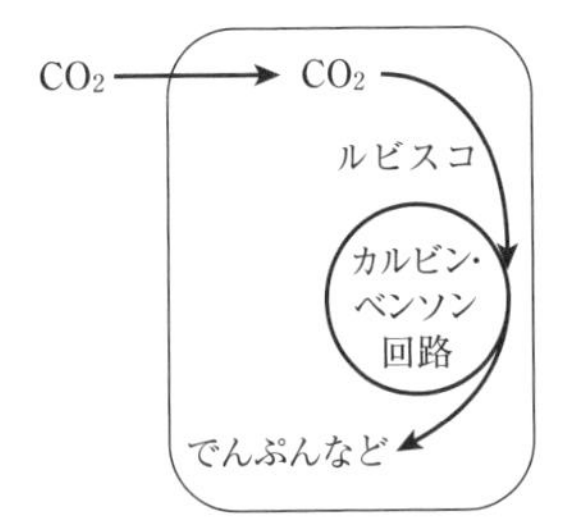

C4 植物

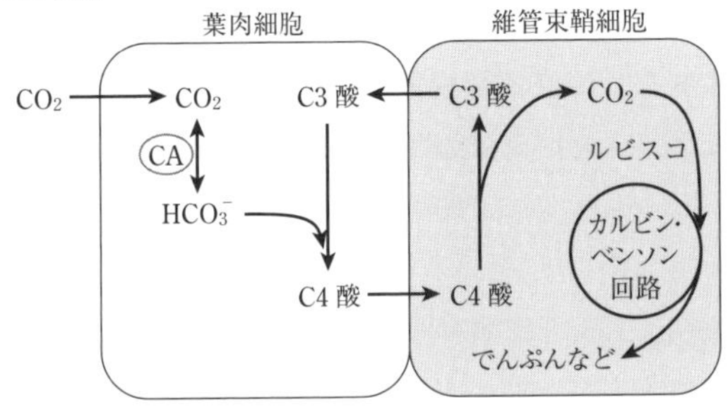

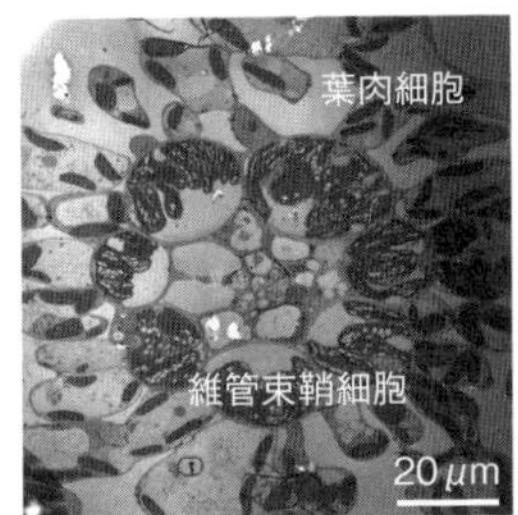

微細藻類（シアノバクテリア，緑藻など）

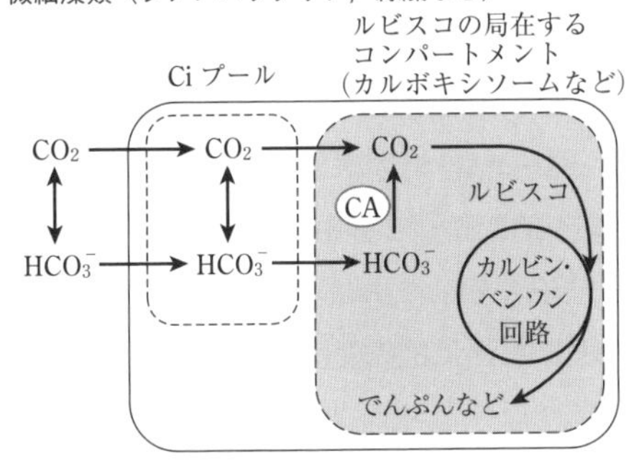

図 2.4　C3 植物，C4 植物，微細藻類における炭酸固定系への CO_2 利用経路と CO_2 濃縮機構

C4 植物ソルガムの葉の縦断切片。中央部の維管束を取り囲む維管束鞘細胞にはチラコイド膜が発達して，でんぷんを蓄積する大きな葉緑体が観察される。外側の葉肉細胞では，このような発達した葉緑体は観察されず，維管束鞘細胞（炭酸固定）と葉肉細胞（CO_2 濃縮）で葉緑体機能が分化している。［電子顕微鏡写真提供：齊藤知恵子博士］

ホスホエノールピルビン酸（PEP）のカルボキシル化によりC4化合物のオキサロ酢酸（OAA）をつくることができる。OAAから生じたリンゴ酸などのC4化合物を，ルビスコ周辺で脱カルボキシル化させてCO_2を濃縮し，炭酸固定活性を上げている[2,3,6]。トウモロコシでは，ルビスコによる炭酸固定反応は葉の維管束鞘に発達した葉緑体で，PEPによるCO_2固定は葉肉細胞に分散する葉緑体で，それぞれ行なわれる（図2.4）。つまり，細胞における葉緑体の炭酸固定能分化がC4植物による効率的な光合成能を付与しているのである。このようにCO_2濃縮機構をうまく向上させることができれば，光合成の炭酸固定能を上げてバイオマスの増加に結びつけることにつながると期待される。たとえばイネはC3植物であるが，この濃縮機構を付与したC4イネを育成できれば増収につながるのではないか，という試みも現在世界各国の共同研究で行なわれている。

2.3.3　その他の改変ターゲット

上述したエンジンと駆動系の改変のほかにも，光合成効率の向上にかかわる因子が発見されている。光阻害に関していえば，直接の阻害を引き起こすのは過剰な励起エネルギーによって生じた活性酸素である。PS II周辺では励起エネルギーが，PS I周辺では電子が酸素分子に受け渡され，それぞれ一重項酸素，スーパーオキシドの生成につながる。スーパーオキシドはスーパーオキシドジスムターゼ（SOD）により電子が水分子に渡って過酸化水素となり，過酸化水素はカタラーゼにより最終的に水分子になって解毒化される。SODとカタラーゼによる活性酸素の解毒化は，見かけ上，光合成における水分子の分解から生じた電子を最終的に水分子に戻す作用であることからWater-Water回路とよばれている[12]。Water-Water回路の強化も，光合成における光阻害を緩和する作用があるので，改変のターゲットと考えられる。車でいえば，まさにエンジンの冷却機関の改良にあたる。

また，カルビン・ベンソン回路に関してルビスコのカルボキシラーゼ活性を高めるための方策は先に述べたが，葉内のCO_2量を一義的に決めているのは気孔である。したがって，孔辺細胞の制御を工夫して開口度を高めればCO_2取り込みを増加させて光合成効率を向上させることも可能である[2〜4]。エンジン部分ではないが，車のエアフィルターを改良する方策といえるかもしれない。

ボディの改良も効率向上に関係する。葉緑体の包膜やチラコイド膜を構成する膜脂質は，モノまたはジガラクトジアシルグリセロールなどのガラクト脂質に富んでいることが知られている。ガラクト脂質の合成や膜自体の補強機能を強化することで，耐久性の高い葉緑体と光合成機能維持が期待できる。

葉緑体は葉の細胞が受光する光強度に応じて細胞内を移動し，光阻害を避けていることが知られている。これは葉緑体光定位運動とよばれ，細胞が受容する青色光により制御されている仕組みであり，この仕組みのマイナーチェンジがエンジンの性能アップにつながる可能性も考えられる[1~4]。

2.4　光合成の改変への試み――ケーススタディ

ここまで光合成改変のターゲットを説明した。では，それらを改変すると実際に効率が向上するだろうか。

先述したC4イネをつくり出すプロジェクトは，ビルゲイツ財団の支援を得て国際イネ研究所（IRRI）を中心に進められている。このプロジェクトでは，C4機構の獲得に関する重要な素過程や遺伝子の作用が明らかにされつつあるものの，実現までには至っていない。また，先述した光合成のターゲットについての知見は，ほとんどが実験室で生育可能な小型のモデル植物あるいは藻類を用いた研究成果から得られたものに限られている。研究成果の多くは，ある因子を欠損させた場合に植物の生育が阻害されるというもので，これらの結果に基づいて光阻害との作用が明らかになっている。たとえば，光化学系におけるPS II修復機能に重要な因子（D1分解を担うタンパク質分解酵素）を欠損させた変異体では，葉に斑入りが生じる（**図2.5**）。また，循環型電子伝達経路をすべて欠損させると，植物の生育が著しく阻害されることはわかっている。しかし逆に，これらを過剰発現させて光合成効率を上昇させることができるか，という研究はまだ端緒についたばかりである。したがって，光合成ターゲットの改良が実際にどのようにバイオマスに利用できるかは今後の研究に期待するところが大きい。ここでは，モデル植物での研究成果が生育改良につながった例について，筆者らの研究成果も含めいくつか紹介してみたい。

図 2.5　葉緑体機能の欠損により生じる突然変異体の例（シロイヌナズナ）（口絵参照）

Columbia は野生型の植物で，*var1*，*var2*，*im*，*chm* は葉緑体分化と光合成の維持に必要な因子に欠損が生じて葉に斑入りができている変異体。このような機能欠損変異の解析を通じて，光合成機能維持に重要な因子が明らかになっている。［文献 17 を改変］

2.4.1　葉緑体膜を強化する VIPP1 タンパク質

筆者らが進めてきた葉緑体の機能維持にかかわる因子を探索する研究の過程で，VIPP1 とよばれるタンパク質が見つかった。VIPP1 は，車に喩えるとエンジンや駆動系にかかわるものではなく，むしろフレームにかかわる因子である。このタンパク質を欠損したシロイヌナズナでは，健全な葉緑体が形成されず，とくに光化学系を装備するチラコイド膜の生育不全になる。そこで当初は，チラコイド膜形成に重要なタンパク質であると考えられていた。

VIPP1は分子量約32,000のタンパク質で膜貫通領域をもたないが，それ自身が結合して分子量100万以上の巨大なタンパク質複合体をつくって膜に局在する。筆者らは，VIPP1複合体のほとんどが葉緑体を包み込む包膜に局在して会合と脱会合を繰り返しており，葉緑体を低張液などの条件にすると膜のストレスに応答して膜の修復作用を示し，結果的に光合成活性の維持にもはたらくことを明らかにした[13]。

葉緑体を低張条件にすると，浸透圧によって包膜が膨張して観察される。VIPP1を欠損するシロイヌナズナでは，通常条件でもこのような包膜が膨張した葉緑体が観察されてしまうため，膜ストレスを受けた状態にあることがわかる。興味深いことに，VIPP1を可視化するために緑色蛍光タンパク質（GFP）を融合させ，VIPP1-GFPとして蛍光顕微鏡下で観察すると，会合したVIPP1複合体が脱会合し，傷害を受けた膜を修復しているようなライブの動きを観察することができる。このように，VIPP1は光合成を担う葉緑体のボディを維持するための因子としてはたらく。おもに包膜の維持にかかわると考えられるが，チラコイド膜にも存在することから，光合成を担う膜を維持し，プロトン勾配や膜電位の維持を通して光合成活性の維持に機能していると考えられる。

葉緑体の膜は，さまざまな外的環境により傷害を受けやすく，とくに植物が高温や低温にさらされたときの傷害となるターゲットの1つであると考えられている。たとえば，氷点下にある針葉樹から葉緑体を観察すると，包膜がストロマから膨張して観察される。したがって，VIPP1を過剰発現させることで葉緑体膜を強化し，温度ストレス下でも光合成を維持できる植物の育成に役立つ可能性がある。実際にVIPP1を過剰発現させるシロイヌナズナを作製すると，高温処理による光合成活性の低下が軽減されることが明らかになった（**図2.6**）。ボディフレームの強化により葉緑体における光合成活性を向上できる例であり，ストレス耐性付与によるバイオマス作物への応用が期待される。

2.4.2 CO_2 取り込みと炭酸固定系の改変

前述のように，炭酸固定反応ではルビスコの改変が期待されているが，この

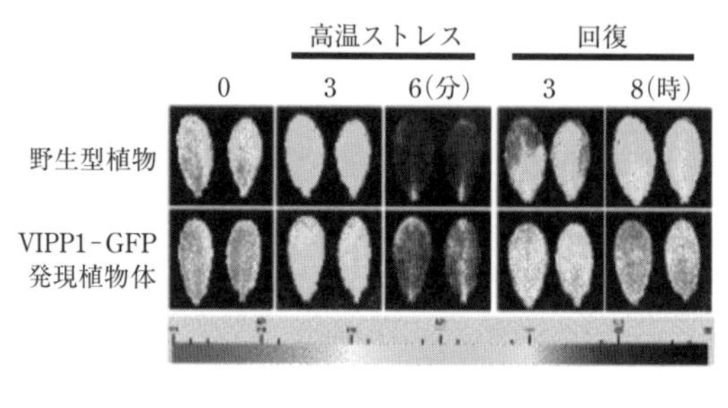

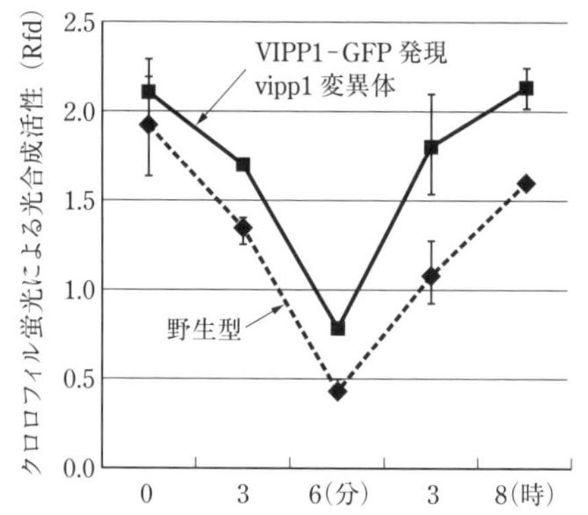

図 2.6　VIPP1 タンパク質の高発現による高温ストレス耐性の獲得（口絵参照）

シロイヌナズナで VIPP1 を高発現させた葉を高温処理（45℃，6分）し，クロロフィル蛍光による光合成活性（Rfd）を測定すると，高温による活性低下の軽減が観察される。上は葉の画像解析結果を示す。

カルボキシラーゼ活性をいかに高めるかというのが従来からの課題である。ルビスコのジレンマは，先に述べたように，カルボキシラーゼ活性により CO_2 を取り込むことができるが，同時にオキシゲナーゼ活性による光呼吸で余分なエネルギーを消費してしまうことである。

光合成生物の陸上化が始まった10億年前から，ルビスコも進化を続けている。シアノバクテリア型のルビスコは，カルボキシラーゼ活性の反応速度が大きい代わりに O_2 への親和性が高い傾向があるが，陸上植物型のルビスコは逆に，カルボキシラーゼ活性の反応速度を抑えても CO_2 への親和性を高めるように進化している。シアノバクテリアでは，ルビスコがカルボキシラーゼ活性を高めるためにカルボキシソームとよばれる構造をとって炭酸脱水酵素（CA）と共存することが知られている。たとえば，C3 植物にカルボキシソームをつくらせることができれば，ルビスコの活性を上げて光合成効率を向上させることが可能になるかもしれない。

シアノバクテリアなどのルビスコを植物で発現させて光合成を改変させる試みが世界中の研究者により進められている[7]。一例をあげると，Hanson らのグループは，*Synechococcus elongatus* PCC7942 においてカルボキシソームの形成に必要である遺伝子を C3 植物であるタバコに導入し，カルボキシソーム様の構造体を葉緑体でつくらせることに成功し，さらにそれによりタバコの CO_2 固定能が改善されたことを報告している[14]。このタバコの改変には葉緑体形質転換法を使っており，タバコ内在のルビスコ大サブユニットを欠損させているので，シアノバクテリア由来のルビスコのみに依存した光合成をする。この植物は大気環境の CO_2 濃度（400 ppm）では生存できないが，CO_2 濃度を上昇させた条件では生育可能で野生型よりも高い CO_2 固定能を示すことが示されている。これらの研究は，車に喩えればトランスミッションやタイヤ周りの改良である。ルビスコの改変は技術的な困難を伴うが，今後の進展が期待される。

ルビスコの改変だけでなく，カルビン・ベンソン回路の改良もその可能性が指摘されている。カルビン・ベンソン回路における PGA のリサイクルに必要な酵素群は葉緑体内の酸化還元レベルで活性が調節されており，フルクトース-1,6-ビスフォスファターゼ（FBP アーゼ）の活性が律速となっていることが示されている。重岡らのグループは，葉緑体形質転換によりシアノバクテリア由来のこの酵素 FBP/SBP アーゼ（フルクトース-1,6-ビスリン酸（FBP）だけでなく，セドヘプツロース-1,7-ビスリン酸（SBP）も脱リン酸化するので，このようによばれる）をタバコで過剰発現させると，光合成活性が顕著に向上することを報告している[15]。実際に，この個体ではバイオマスの増加が報告されており，今後の応用も期待される。

また，植物の個体レベルで CO_2 濃度を上昇させるためには，気孔における CO_2 取り込み効率を上昇させることも効果があることがわかってきている。木下らのグループは，光に応答して気孔を開口する因子のうち，プロトン ATP アーゼをシロイヌナズナの孔辺細胞で過剰発現させると，光合成活性が上がりバイオマスが増加することを報告している[16]。

2.5　応用への期待と今後の課題――スーパーバイオマスへの利用

この章では，どうすれば光合成の改変が作物の生産性向上につながるかについて，おもに光阻害という観点から述べた。ケーススタディからもわかるように，光化学系自身の改変により光合成活性をあげた画期的な成果は，今のところ報告がない。むしろ，エンジンの冷却系のような仕組みである光阻害緩和作用，あるいはミッションや駆動系に相当する CO_2 濃縮機構の強化などが，今後改善を期待されるパーツのようである。さらに筆者自身の VIPP1 の研究からも明らかなように，光合成のボディに相当する葉緑体の機能自体を理解し，それらの機能強化による光合成活性の向上をめざす研究も今後進むであろう。

葉緑体は，シアノバクテリアの細胞内共生により植物細胞内で光合成を行なうようになった細胞内小器官であるが，光合成を行なわない器官ではチラコイド膜を発達させずにでんぷんや脂質を貯蔵する器官としてはたらいており，それらを総称してプラスチドとよばれている。プラスチドがどのようにチラコイド膜を発達させて葉緑体となり，光合成活性を調節しているのかは，まだ詳細な設計図がわかっていない分野のひとつである。光合成効率の向上が作物の生産性向上に寄与するポテンシャルは高いと考えられているので，21 世紀はこれらの光合成研究が「理解する」から「改変する」方向へシフトしていくのかもしれない。

本章では，光合成における炭酸固定，つまり大気中の炭素を糖に固定する反応について述べたが，有機高分子化合物の合成としては窒素固定も重要である。植物はルビスコ自身の合成に莫大なエネルギーを投資している。その結果として，光合成の維持にはタンパク質の構成成分であるアミノ酸に含まれる多量の窒素が必要であり，光合成活性を向上させてバイオマスを増加させるためにはそれだけ窒素が必要になる。また，光合成装置の多くは，鉄（PS I やシトクロム b_6f 複合体，フェレドキシン），銅（プラストシアニン），マンガン（PS II）などの金属を含んでおり，これらの微量元素も光合成の維持に重要である。健全な光合成装置の形成，葉緑体の形成には，これら炭素以外の養分がいかに効率よく使われるかも重要なファクターであり，光合成と並行して研究すべき今後の課題といえる。

最後に，これまで述べてきた実験室レベルでの研究をバイオマス生産につなげるためには，モデル植物を使った研究から作物を使った研究への展開が不可欠である。ここではスーパーバイオマスとして期待される「ソルガム」について少し触れたい（**図 2.7**）。ソルガム（*Sorghum bicolor*）はアフリカ大陸を起源とする雑穀で，トウモロコシ，イネ，コムギ，オオムギに続く第 5 の穀類であるが，他の穀類に比べて生産量はかなり少ない。草型はトウモロコシに似ているが，茎の下に実をつけず，雌雄同花で穂に実がなる。C4 植物であり（図 2.4），

図 2.7　スーパーバイオマスとしての利用が期待されるスウィートソルガム
［写真提供：佐塚隆志博士］

乾燥に高い耐性を示すため，熱帯の乾燥地帯から温帯に広く分布している。ソルガムで注目すべきは，その遺伝的な多様性である。アフリカから紀元前2000年ごろにアラビア半島に伝搬したbicolor種は，インドから中国・日本あるいは東南アジアに広がりアメリカ大陸にも伝搬したが，多種多様な形質が分化しており遺伝的改変の高いポテンシャルをもっている。とくに，大型で4メートル以上に生育するスウィートソルガムとよばれる系統は，サトウキビのようにショ糖を茎に蓄積することが知られており，その大きなバイオマスとともにバイオエタノールのためのバイオ燃料としても利用が期待されている。遺伝的にはイネに近く，しかもゲノムサイズがイネ科ではイネに次いで小さい（イネは390メガ塩基対，ソルガムは780メガ塩基対）。すでに全ゲノム配列が決定されているので，重要な遺伝子などの解析がモデル植物並みに可能になっている。今後，ソルガムを用いた光合成改良の研究が進み，バイオマス利用への応用が進むことが期待される。

参考文献

1）杉山達夫（監修）（2005）植物の生化学・分子生物学，学会出版センター
2）葛西奈津子（2007）植物が地球をかえた！ 植物まるかじり叢書1（日本植物生理学会監修，日本光合成研究会協力），化学同人
3）東京大学光合成教育研究会（2007）光合成の科学，東京大学出版会
4）園池公毅ほか（2014）光合成研究と産業応用最前線，エヌティーエス
5）Murchie, E. H. and Niyogi, K. K.（2011）Manipulation of photoprotection to improve plant photosynthesis. *Plant Physiol.,* **155**, 86-92
6）Whitney, S. M. *et al.*（2011）Advancing our understanding and capacity to engineer nature's CO_2-sequestering enzyme, Rubisco. *Plant Physiol.,* **155**, 27-35
7）Price, G. D. *et al.*（2013）The cyanobacterial CCM as a source of genes for improving photosynthetic CO_2 fixation in crop species. *J. Exp. Bot.,* **64**, 753-768
8）Food Security, Special Selection（2010）*Science,* **327**, 797-834
9）Long, S. P. *et al.*（2015）Meeting the global food demand of the future by engineering crop photosynthesis and yield potential. *Cell,* **161**, 56-66
10）Zhu, X. -G. *et al.*（2010）Improving photosynthetic efficiency for greater yield. *Ann. Rev. Plant Biol.,* **61**, 235-261
11）Bock, R.（2015）Engineering plastid genomes: methods, tools, and applications in basic research and biotechnology. *Ann. Rev. Plant Biol.,* **66**, 211-241
12）Asada, K.（1999）The water-water cycle in chloroplasts: scavenging of active oxygens and dissipation of excess photons. *Ann. Rev. Plant Physiol. Plant Mol. Biol.,* **50**, 601-639
13）Zhang, L. *et al.*（2012）Essential role of VIPP1 in chloroplast envelope maintenance in *Arabidopsis*. *Plant Cell,* **24**, 3695-3707
14）Lin, M.T. *et al.*（2014）A faster Rubisco with potential to increase photosynthesis in crops.

Nature, **513**, 547–550

15) Yabuta, Y. *et al.* (2008) Molecular design of photosynthesis-elevated chloroplasts for mass accumulation of a foreign protein. *Plant Cell Physiol.,* **49**, 375–385

16) Wang, Y. *et al.* (2014) Overexpression of plasma membrane H^+-ATPase in guard cells promotes light-induced stomatal opening and enhances plant growth. *Proc. Natl. Acad. Sci. USA,* **111**, 533–538

17) Sakamoto, W. (2003) Leaf-variegated mutants and their responsible genes in *Arabidopsis thaliana. Genes Genet. System,* **78**, 1–9

第3章 低肥料栽培への挑戦

植物は，土壌に含まれる14種類の必須無機元素を吸収して生育する。ほとんどの土壌において必須元素は不足しており，植物は進化の過程で低栄養に対する適応機構を発達させてきた。現在行なわれているようなさまざまな栄養条件での作物生産は，植物のそのような適応機構により可能になっている。一方で，不足する栄養を補うために農業として成立する効率的な作物の生産には肥料が不可欠であるが，肥料の使用には肥料成分によっては資源が限定されているため製造や使用にコストがかかりエネルギーを消費する，施用された肥料の一部は環境に流出し富栄養化をもたらす，などの問題点がある。植物の栄養条件に対する適応機構を解明し，低栄養耐性を植物に付加することは，このような問題の解決につながる。本章では，植物の低栄養に対する適応機構と，土壌微生物との共生による低栄養適応機構についての植物の分子遺伝学・生理学的研究の現状を紹介する。

3.1 農業生産と肥料消費の現状

国連は，2011年10月31日に世界の総人口が70億人を超えたと推定している。本書を書いている2015年9月現在の人口は73億人とされている。私（1964年生まれ）が小学校で習った世界人口は37億人であった。それからおよそ40年が経過し，人口はほぼ倍増している。人口が倍増すれば，単純に計算して食糧も倍必要になる。実際，農林水産省の資料によれば，この40年間に世界の穀物生産量は倍増している（**図3.1**）。

この食料増産はどのように達成されてきたのであろうか。農地で生産される

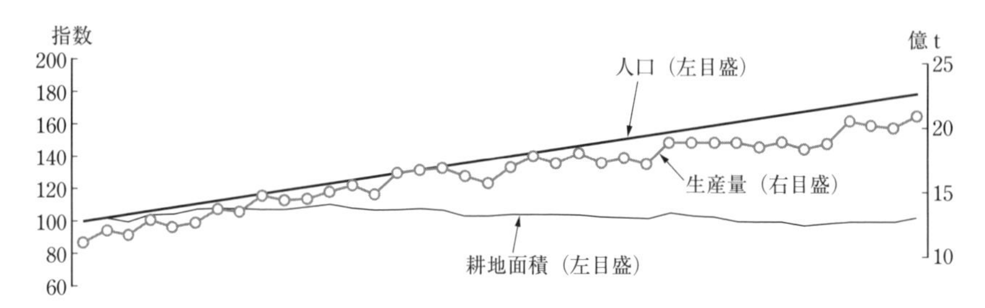

図 3.1　世界の穀物の生産量と耕地面積，人口の推移
生産量などは 1970 年の数値を 100 とした。［農林水産省ホームページより改変］

食料に限れば，食糧増産のための方法は，農地を拡大するか，単位面積あたりの収量を増加させるかしかない。人口がまだそれほど多くなく国土にゆとりがある状況では農地拡大は有効な手段であり，日本でも江戸時代には新田開発が盛んに行なわれた。現在も「新田」と名のつく地名は各地に残っている。しかし現在の世界では，農地拡大の余地は限られている。農耕に適した土地はすでに開墾され利用し尽くされている。ヨーロッパには限られた原生林しか残っておらず，残された原生林の多くは世界遺産に登録されている。植生や自然保護，環境保全の観点から，熱帯雨林をはじめとする世界の森林は保護される傾向が強まっている。図 3.1 を見るとわかるように，この 40 年間，世界の耕地面積はほとんど増大していない。つまり，この 40 年間の食料増産は，単位面積あたりの収量を倍増させることによって達成されてきたということになる。

この 40 年間に単位面積あたりの収量を倍増させた要因のおもなものとしては，収量が高く病気や害虫に強い作物の育種，栽培法の改善，農薬や除草剤の利用，機械化の進展などが考えられるが，近年では，遺伝子組換え作物の利用も単位面積あたりの収量増加に貢献している。単位面積あたりの収量を高めるには，これらの要因に加えて肥料を多く与えることも重要な要因である。

植物は土壌に生育することができるが，これは植物が独立栄養生物であるためである。化学の発展に伴って 19 世紀の初めころから植物の生育に必須な元素が同定され，現在では 17 種類の元素が必要であると考えられている（**図 3.2** のアミをかけた元素が必須元素）。このうち，水素，酸素，炭素を除く 14 種類の元素について植物は土壌から吸収しており，植物が生育するためには，これら

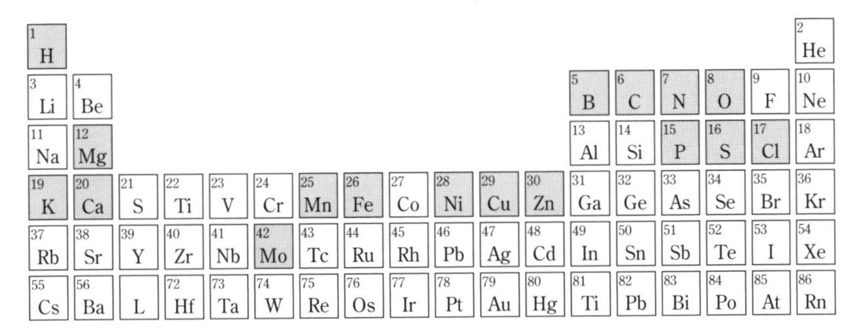

図 3.2 植物の必須元素（アミをかけた元素）

の元素が土壌中に適切な濃度，適切な化学形態で含まれている必要がある。しかし，多くの土壌では植物の必須元素の濃度は低く，これを補うために歴史的に施肥が行なわれてきた。必須元素のなかでもとくに植物の要求量が高く欠乏しがちな窒素，リン酸，カリウムを含む肥料がよく使われており，また肥料の消費量は世界的に増大してきている（**図 3.3**）。

一方で，肥料施用量の増加は環境に大きな影響を及ぼしてきている。耕地に与えられた肥料はその一部しか植物に吸収されず，吸収されなかった窒素やリン酸，カリウムなどの肥料成分は，一部は土壌に蓄積するものの多くは土壌から流出して環境に放出されていく。窒素，リン酸，カリウムのなかでも，窒素は畑条件では硝酸へと変換されるが，硝酸は土壌に保持されにくく地下水や河川に流出しやすい。土壌の鉱物や有機物は負に帯電しており，陽イオンは吸着されやすいが，硝酸は陰イオンであり環境に放出されやすい。リン酸も陰イオンであるが，土壌の鉱物と不溶性の塩を形成しやすく土壌に保持されやすい。

肥料成分の環境への流出は富栄養化をもたらす。中国では 1980 年代の経済発展に伴って単位面積あたりの窒素肥料の使用量が増加し，世界最高レベルに到達した。これに伴って環境への窒素の流出が増え，藻類の異常繁殖などが問題となっている。中国の北東部にある淡水湖，洞庭湖の水は緑色に濁り，生態系にも悪影響が及んでいる。米国では，いわゆるコーンベルト地帯などの大規模農業が行なわれている地帯において，農地由来の窒素肥料がコーンベルト地帯を流れるミズーリ川やミシシッピ川に流入し，川の水の硝酸濃度が飲用に適さないレベルに達することもある。肥料の投入を増やすことはコスト増に結び

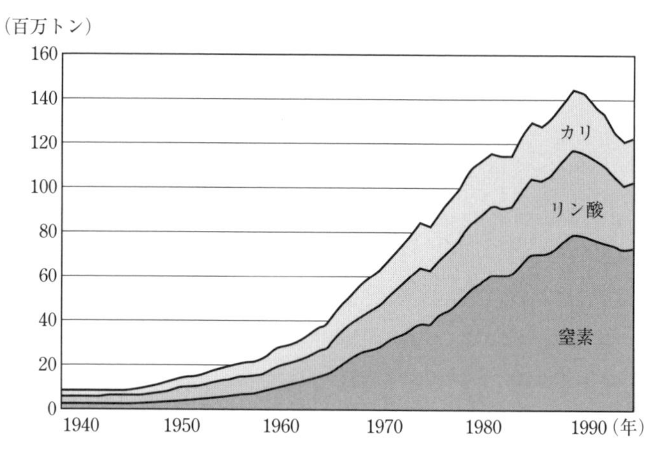

図 3.3　世界の肥料消費量の推移［文部科学省ホームページより改変。資料：国際連合「世界統計年鑑」］

つくが，多くの農家や農業経営体は収量減のリスクを負うよりも，多少のコスト増になっても多肥によって収量を確保しようとする傾向が強いことも，多肥による環境汚染の一因である。

3.2　収量漸減の法則

施肥と収量の関係については「収量漸減の法則」がよく知られている。肥料は収量を増やすために投入されるが，単位面積あたり同じ量の肥料を投入してもその収量増にもたらす効果は一定ではない。肥料のあまり与えられていない農地への肥料の投入は収量を増加させる効果が大きいが，肥料がある程度与えられている農地への肥料の投入は収量増の効果が比較的小さくなる（**図 3.4**）。これを収量漸減の法則という。

一般に，植物は土壌中の栄養が少ないと根の張り方を変えたりすることで，より効率よく栄養を吸収しようとする。このため，肥料成分の少ない農地に肥料を与えると，与えられた肥料はすでに張り巡らされた根によって比較的効率よく吸収利用されるが，肥料成分がもともとある程度含まれる農地では植物がこのような反応を示さず，肥料を追加してもあまり吸収されなくなってしまう。

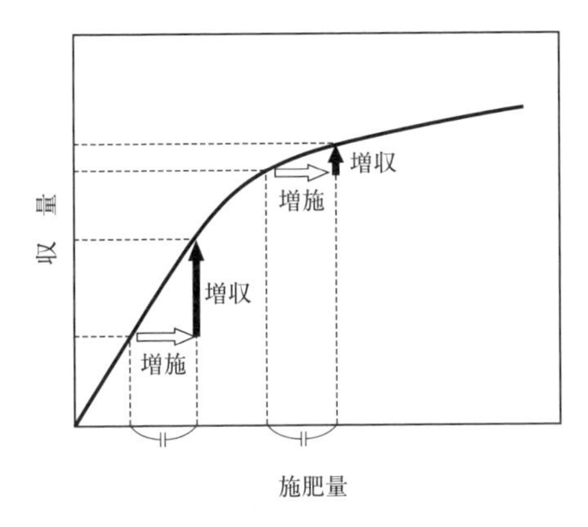

図 3.4　収量漸減の法則

さらに多肥にすると，収量は増加するものの与えた肥料に対する収量増加の割合は小さくなる。つまり，施肥のコストに見合った収穫が得られにくくなるとともに，環境への負荷が大きくなる結果となってしまう。

3.3　減肥の必要性

これまでみてきたように，肥料は作物生産に不可欠である一方で，施肥は環境には負荷を与えている。およそ 100 年前のハーバーボッシュ法の開発により空気中の窒素をアンモニアに変換することができるようになり，窒素肥料の資源はほぼ無尽蔵になったが，この方法による窒素肥料の製造には莫大なエネルギーが消費される。一方，リン酸やカリウム肥料の製造は，限りある鉱物資源に依存している。また，製造された肥料の運搬や施用にもエネルギーが必要である。このような事情から，肥料価格は石油価格に大きな影響を受け，リーマンショック以前には国際的な肥料価格が暴騰し穀物価格も上場して，一部の国では食糧の安定供給を求めたデモやストライキが発生する事態に至った。

資源を有効利用し，コストを下げ，無駄にエネルギーを消費しない将来の持続的な農業の実現には，農産物の収量や品質を低下させずに肥料の使用量を減らすことがきわめて重要である。

3.4 肥料低減技術

少ない肥料で植物を育てる方法としては，大きく３つが考えられる。

１つめは施肥技術の改良で，肥料の種類，施肥の時期，施肥の方法を工夫して，より効率よく肥料成分が植物に吸収されるようにする方法である。

２つめは土壌の性質や土壌微生物を利用した肥料低減技術である。農地では，施された肥料は土壌を通じて植物に吸収される。また，土壌微生物のあるものは植物と共生して植物に窒素やリン酸を供給する。マメ科植物の根粒は，土壌に住む細菌，根粒菌がマメ科植物の根に感染してできる組織であるが，根粒内には根粒菌が生きており，空気中の窒素ガスをアンモニアに変換して植物に供給する。また，カビの仲間である菌根菌は多くの植物種の根に共生し，リン酸を植物に供給することが知られている。さらにこれ以外にも，土壌微生物のなかには窒素固定能のあるものが多く知られており，そのような微生物のなかには植物体内に住みついて窒素固定をするものがあることが知られている。

３つめが育種的なアプローチである。これは，植物の性質の改良による栄養吸収能力の向上や，吸収した栄養の利用効率の向上を通じて，施肥量を減らしても十分に植物が生育するようにする技術である。

これら３つの技術のうち最も広く行なわれているのは１つめの施肥技術の改良であるが，２つめの土壌微生物の利用や３つめの育種的なアプローチによる品種育成も実例が増えつつある。将来の持続的な農業の実現には，これらの技術，とくに土壌微生物の利用や育種的なアプローチによる肥料低減が重要になってくる。以下の段落では，これら３つの技術を用いた取り組みについて最新の成果を交えて詳しく紹介する。

3.5 施肥技術の改良

肥料は植物が必要なときに必要な量を施すことが理想であるが，実際の農作業負担を考えるとそのような施肥方法は現実的でなく，施肥は限定的な回数だけ行なわれることがほとんどである。とくに栽培前に施肥をする「元肥」とよばれる施肥法は多く行なわれている。肥料成分の濃度が高すぎると植物の根の生育に悪影響を及ぼし，いわゆる「根やけ」を引き起こす。元肥をして植物の栽培前に肥料を施すことにより，土壌における肥料濃度の平均化をはかるのである。しかしながら，一般に植物の生育は播種や植え付け直後はあまり盛んではなく，初期の肥料要求量は少ない。生育が旺盛になってくると肥料の要求量が増えてきて，この時期に施肥をすることがより効率的である。つまり，元肥は肥料要求量の少ない時期に多くの肥料を施すために，肥料効率が悪く，環境中に流亡しやすい。

このような問題の解決には，肥料の緩効性化が有効である。これは，樹脂などでコーティングすることで肥料成分が長期間にわたってわずかずつ土壌に溶け出すように工夫された肥料を使う方法で，日本の稲作ではこの方法を用いることによって田植えの際の施肥だけで収穫までまかなうということが一般的に行なわれている。緩効性肥料は根やけが起こりにくいために根の近くに置くことができ，肥料の吸収効率が高まる。緩効性肥料は高価であるが，肥料を減らした栽培という観点からは優れた技術である。

また，施肥の時期や量についての技術開発も進められている。中国農業大学の Zhao らのグループは，生育時期に応じて必要量の肥料を施すことで，中国における慣行農法と比較して，トウモロコシの高収量を維持しながら，使う肥料の量を半減できることを示した[1)]。また最近では，ドローンシステムを使った空中からの写真撮影などを通じて畑の植物の生育状況を把握し，得られたデータを基に，どの畑のどの場所に肥料をいつ与えると効果的かを推測して施肥をする技術も開発され，オーストラリアなどではすでに一般的に行なれている。このような農法は “precision agriculture” とよばれて大規模農業では利用され，施肥の低減や収量の増加をもたらしている。

3.6 リン酸による菌根菌共生の抑制

根粒による窒素固定や菌根によるリン酸供給は，栄養に乏しい土壌での植物の生育にはかなり有効な栄養供給方法であり，根粒や菌根によってこのような環境での植物の生育は劇的に回復する（**図 3.5**）。このような生育の回復は，植

図 3.5　菌根接種がソルガムの生育に及ぼす影響
左は菌根菌非接種，右は接種したもの。

物には直接利用されにくい，根から遠いところにあるリン酸が，菌根によって植物に供給されたために起こったものであると考えられる。つまり，根粒菌や菌根菌の共生は，やせた土壌での植物の生育改善にはかなり効果的である。

しかし，微生物共生による植物の生育促進を実際の農業で実現することは難しい。それは，窒素やリン酸が豊富な土壌では，菌根菌や根粒菌と植物の共生が起こりにくいからである。営利的な農業を行なうには，ある程度の単位面積あたりの収量を確保することが必要で，そのためには施肥が不可欠であるが，施肥を行なうと根粒菌や菌根菌の共生が起こりにくくなり，これらの土壌微生物からの窒素やリン酸の供給が起こらなくなる。

なぜ，窒素やリン酸が豊富な土壌では共生が起こりにくいのだろうか。これは，菌根菌や根粒菌との共生が相利共生に基づいて起こるためである。相利共生とは，共生をする両者がお互いに利益を得るような共生のことを指す。このような共生において，植物は光合成で固定された糖などを根粒菌や菌根菌に供給する一方で，根粒菌や菌根菌は窒素やリン酸を植物に供給する（**図 3.6**）。すなわち植物側からみれば，根粒菌や菌根菌から得られる窒素やリン酸は光合成産物の投資の見返りとして得られるものであり，光合成産物の投資という損失が窒素やリン酸の獲得という利益よりも相対的に小さいときには有利であるが，そうでない場合には不利になる。光合成産物の投資よりも窒素やリン酸の獲得の価値が高いのは，環境中に窒素やリン酸が少なく植物にとって生育の制限要因になっているような場合であり，環境中に窒素やリン酸が豊富にある状況で

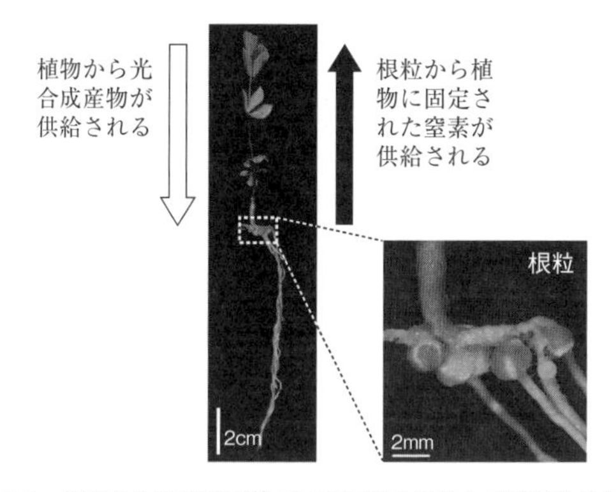

図 3.6 相利共生の法則に基づいて起きる植物と共生菌との共生

は光合成産物を投資する損失が相対的に大きくなる。

根粒や菌根菌共生は窒素やリン酸が土壌に豊富にあると阻害されることが知られており，植物は共生が有利な条件においてのみ起こるような制御をしている。このような制御は植物の生存戦略としては重要であるが，農業という観点からみると必ずしも都合のよい性質とはいえない。農家にとっては単位面積あたりの収量を確保することが重要であり，そのためには肥料を与える必要がある。一方で，肥料を与えると共生が起こりにくくなり，根粒が固定した窒素の供給が少なくなる。その結果，たとえばダイズをよく育てるには，根粒から供給されうる窒素までも肥料として与える必要が出てくる。

この問題を農業技術として解決するために，窒素の深層施肥が考案されている。ダイズの植え付け前に肥料を地中深く施すことで，根が肥料に届く前に十分な根粒着生と窒素固定を行なわせ，生育が旺盛な時期には根が肥料に達して必要な窒素を十分に吸収させることで，共生窒素固定を実現しながら十分な収量を得ることができる[2)]。このような研究の一方で，根粒形成の窒素による阻害機構について研究が進められており，阻害に関与する複数の遺伝子やその性質が明らかにされてきているが，これらの知見の農業への応用はこれからの課題である。

3.7　ライブイメージングにより菌根菌感染の仕組みを明らかにする

菌根菌共生は，植物が光合成産物を菌根菌に供給し，菌根菌がリン酸を植物に供給する相利共生である。リン酸を与えると，菌根菌の共生が抑制されることが長く知られており，菌根菌のより有効な農業利用には，リン酸がある程度存在する条件で共生を維持できるようにすることが大切である。この課題に取り組むために筆者のグループでは，菌根菌の感染のライフサイクルを感染の進行に伴って生きたまま観察する手法（ライブイメージング法）を開発した。**図3.7** は，菌根菌が感染してから，樹枝状体とよばれる特異な構造が形成され，やがてその構造が老化して分解されるまでの過程を，世界に先駆けて観察したものである[3]。

この観察手法を用いて，リン酸が菌根菌感染のどの段階を阻害しているのかを調べてみたところ，リン酸は菌根菌の根への新たな感染を阻害するが，感染によって形成される樹枝状体の寿命には大きな影響を与えないことがわかった。すなわち，リン酸は共生している菌根菌のライフサイクル全体に影響を及ぼすのではなく，むしろ特定の段階を阻害することが明らかになった。これ以外に

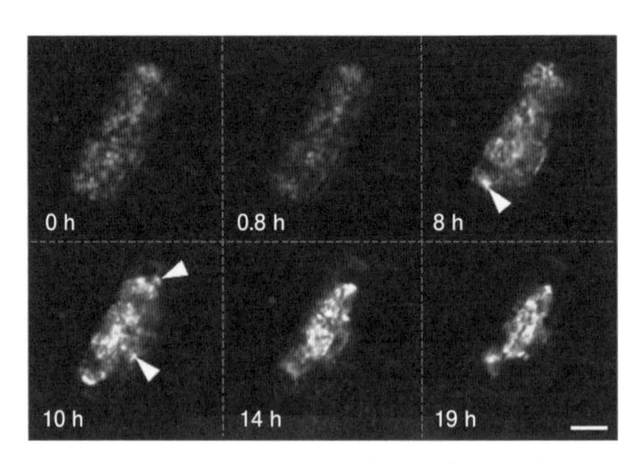

図 3.7　菌根菌のライブイメージング

菌根菌を緑色蛍光タンパク質で標識し，感染の様子を経時的に顕微鏡観察することにより，感染した菌根菌が植物の細胞の中で老化していく様子を明らかにした。スケールバーは 10μm。矢頭で，老化前に菌根菌が凝集体をつくっている箇所を示す[3]。

も筆者のグループでは，植物のリン酸欠乏応答に関与する遺伝子がリン酸による菌根菌の共生阻害にも関与していること，また，菌根がリン酸だけでなく鉄をも植物に供給することなども明らかにしている[4)]。

リン酸による共生阻害が共生の特定の段階で起こることが明らかになり，また，この段階に影響を及ぼす遺伝子が見いだされていることは，リン酸の存在下でも菌根菌共生を維持できる可能性があることを示している。現在，これらの結果をもとに，リン酸の存在下でも菌根菌共生を維持できる変異植物の探索を進めている。このような変異植物は，リン酸の存在下でも菌根共生を維持して土壌中のリン酸を有効利用することで，低肥料での生産を維持する能力をもっていると考えられる。

菌根菌共生の場合にも根粒菌共生の場合にも，植物の光合成能力とのバランスを考える必要がある。相利共生である以上は光合成産物と引き換えに窒素やリン酸を得ているわけであり，窒素やリン酸の存在下でも根粒や菌根の着生を維持して栄養供給を受け，そのうえでさらに植物の生育を改善するには，光合成産物の一部が共生に利用されかつ生育が維持できるようになる必要があり，光合成機能の強化（第2章参照）や栄養の利用効率改善があわせて必要になっていくと考えられる。

3.8　栄養輸送の改変による低肥料耐性植物の作出の試み

低肥料農業の実現には，低肥料でも生育する植物の育種が有効である。低肥料でも生育できる植物の作出にはいくつかの手法が考えられるが，土壌の栄養をより効率よく植物に吸収させることができれば，低濃度の栄養でも生育できる植物を作出できると考えられる。植物の栄養吸収能力は，根の表面積や密度，根の表面積あたりの栄養の吸収速度などによって規定されているので，これらの特徴を改善することで土壌からの栄養吸収を高めることができる。実際に，小原らはイネの根の伸長を改善することで，窒素栄養の吸収特性を改善できることを示している[5)]。

また，根の栄養吸収能力自体を高めることでも，植物に低栄養耐性を付与することができる。ホウ素は必須元素のひとつであるが，筆者らはシロイヌナズ

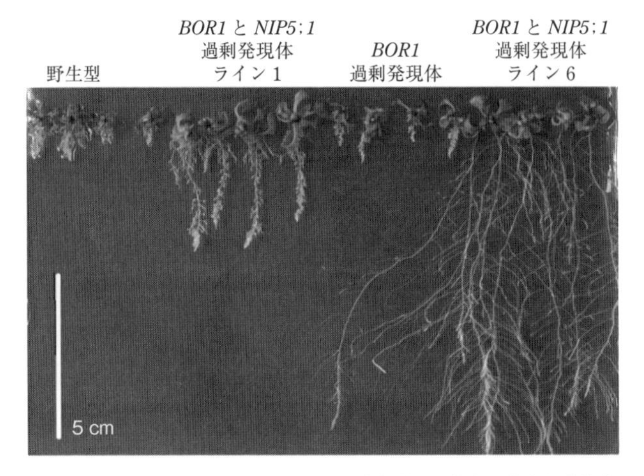

図 3.8　ホウ素輸送体の発現量増大により低ホウ素条件での植物の生育を改善する
［文献６より改変］

ナから同定したホウ素輸送体の発現を高めることで，ホウ素濃度が低い培地でもよく生育する植物を作出できることを示した[6]。**図 3.8** は左から，最初の４本の植物が野生型のシロイヌナズナ，次の４本が２つのホウ素輸送体遺伝子 *BOR1* と *NIP5;1* の発現を高めた形質転換体，その次が *BOR1* だけの発現を高めたもの，いちばん右が２つのホウ素輸送体 *BOR1* と *NIP5;1* の発現を高めた形質転換体の異なるラインを示しており，それぞれホウ素が加わっていない培地で栽培した植物の写真を示している。ホウ素輸送体 *BOR1* と *NIP5;1* の発現を高めた２つの形質転換体ラインは，それ以外の植物よりも生育がよく，とくに右側のライン６という系統は根も地上部もよく生育している。これらの結果は，植物の栄養吸収能力を高めることによって低栄養条件での植物の生育を改善することができることを示した初めての例である。

ホウ素の輸送体以外にも，栄養を輸送する植物のタンパク質は次々に見いだされてきており，同様の方法で低栄養耐性を付与できる可能性が考えられる。また，このような遺伝子が見いだされると，それを指標として低栄養に耐性の植物系統を推測することができる。イネやコムギ，トウモロコシなどのホウ素欠乏に耐性の品種では，ホウ素欠乏に感受性の品種に比べて *BOR1* の発現が高い傾向が見られている[7]。このような遺伝子やその発現を制御する遺伝子をマーカーに用いることで，今後，低肥料でよく生育する作物の育種が可能になると考えられる。

3.9　栄養応答の改変による低肥料耐性植物作出の試み

植物は，低栄養条件では一般に側根を発達させるなどして，栄養の吸収能力を高めて必要な栄養を確保しようとする。このような反応には，栄養状態を感知する仕組み，その情報に従って根の発達パターンや栄養輸送に関与する遺伝子の発現を変化させる仕組みが必要である。このような仕組みに関与する遺伝子が，これまでの研究で明らかになってきている。たとえば窒素に対する応答では，窒素栄養に応じて根の形態を変化させる転写因子[8)]や硝酸の輸送体NRT1:1[9)]が関与していることが示されている。NRT1:1は輸送体であると同時に，細胞外の硝酸濃度を検出するセンサーとしてもはたらくことが知られており，硝酸濃度を検出して根の形態を変化させるための遺伝子発現カスケードの一端が明らかになりつつある[10)]。

著者のグループでは，マメ科の実験植物として広く使われているミヤコグサを材料に，硝酸栄養に応じた根の発達制御に異常のある変異株の解析を行なった。見つかった変異株のひとつに，細胞表層のセンサーとして細胞内に情報を伝えるはたらきをもつ受容体キナーゼをコードする遺伝子に変異があるものが見つかっており，この遺伝子が硝酸応答シグナルの受容と伝達に関与する可能性を見いだしている。

この変異株は，硝酸が少ない培地での根の生育が極端に悪くなっている（**図3.9**；左2本が野生型，右2本が変異株。硝酸が少ない培地で栽培したもの）。おそらくこの変異株では，窒素の欠乏に応じた根の成長促進がうまくできなくなっていると思われる。栄養欠乏でも根を伸長させるには，このような変異株にさらに変異を加え，根の伸びを回復させるような変異を利用することが有効であると考えられる。実際，筆者のグループでは，この変異株を変異原処理して，根の伸びが回復した変異株を取得することに成功している。この変異株から元の遺伝子変異を除くと，根の伸びが野生型よりもよくなることを見いだしており，このような変異を利用することで低栄養に耐える植物の作出につながると

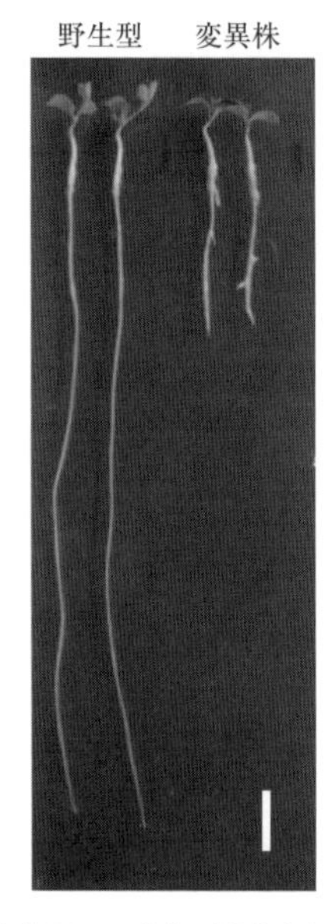

図 3.9　硝酸が少ない条件下での生育が阻害されるミヤコグサ変異株
スケールバーは 1 cm。

考えている。

3.10　応用への期待と今後の課題

これまで述べてきたように，最近，低肥料耐性育種や共生を利用した低肥料耐性栽培技術の成功例がいくつも報告されている。このような技術は今後さらに進展していくであろう。作物に，人間にとって利用しやすい性質を付与することは，人類の歴史とともに行なわれてきた育種の過程である（第1章参照）。しかし，これまでの育種はおもに経験に基づいて行なわれてきた。本章や本書の他の章で示されるように，近年の研究の進展により科学的な知識に基づいた植物の性質の改善が可能になっている。このようにして生まれたよりよい性質をもった植物は，収穫量を増したり，より資源を使わずに生産ができるようになったり，これまで農業に適していなかった地域での農業を可能にしたりする可能性をもっている。近年の科学技術の発展はめざましく，植物分野でもさまざまな作物でのゲノム研究が行なわれており，また一方で，フィールドでの試験や測定技術も進歩してきている。これらのデータを基に，人口的な変異の挿入や遺伝子組換えではなく，自然に生まれた変異体をスクリーニングするゲノミックセレクションなどの技術開発がさらに進められていくであろう。そして，このような研究を通じて，環境に優しい低肥料育種や低肥料栽培などが実現されていくであろう。

謝辞 本稿で紹介した研究は，小八重善裕博士（北海道農業研究センター），矢野幸司博士（東京大学），三輪京子博士（北海道大学），加藤諭一氏（みずほ銀行）らによっておもに行なわれたものであり，示した写真はこれらの方々が撮影されたものも含まれている。この場をお借りして感謝する。

参考文献

1) Chen, X-P. *et al.* (2011) Integrated soil-crop system management for food security. *Proc. Natl. Acad. Sci. USA,* **108**, 6399-6404
2) Tewari, K. *et al.* (2011) A new technology of deep placement of slow release nitrogen fertilizers for promotion of soybean growth and seed yield. *in* Advances in Environmental Research, Vol. **9**, pp. 1-39, Nova Science Publishers, Inc. New York
3) Kobae, Y. and Fujiwara, T. (2014) Earliest colonization events of Rhizophagus irregularis in rice roots occur preferentially in previously uncolonized cells. *Plant Cell Physiol.,* **55**, 1497-1510
4) Kobae, Y. *et al.* (2014) Selective induction of putative iron transporters, OPT8a and OPT8b, in maize by mycorrhizal colonization. *Soil Sci. Plant Nutr.,* **60**, 843-847
5) Obara, M. *et al.* (2014) Identification and characterization of quantitative trait loci for root elongation by using introgression lines with genetic background of Indica-type rice variety IR64. *Plant Biotech. Rep.,* **8**, 267-277
6) Kato, Y. *et al.* (2009) Highly boron deficiency tolerant plants generated by enhanced expression of NIP5;1, a boric acid channel. *Plant Cell Physiol.,* **50**, 58-66
7) Leaungthitikanchana, S. *et al.* (2014) Comparison of BOR1-like gene expression in two genotypes with different boron efficiencies in commercial crop plants in Thailand. *Soil Sci. Plant Nutr.,* **60**, 333-340
8) Zhang, H. and Forde, B. G. (1998) An Arabidopsis MADS box gene that controls nutrient-induced changes in root architecture. *Science,* **279**, 407-409
9) Walch-Liu, P., and Forde, B. G. (2008) Nitrate signalling mediated by the NRT1.1 nitrate transporter antagonises L-glutamate-induced changes in root architecture. *Plant J.,* **54**, 820-828
10) Remans, T. *et al.* (2006) The Arabidopsis NRT1.1 transporter participates in the signalling pathway triggering root colonisation of nitrate-rich patches. *Proc. Natl. Acad. Sci. USA,* **103**, 19206-19211

第4章 植物ホルモンを操りバイオマスを増やす

植物ホルモンのひとつであるサイトカイニンは，地上部（シュート）の成長や二次木部の生産の促進制御にかかわる重要な情報分子である。生体内での植物ホルモンの作用は，緻密で複雑なシステムで調節されていることから，単純に植物体内で植物ホルモンを過剰生産させてもさまざまな負の効果が現われてしまい，必ずしも期待される形質のみが付与された植物は得られない。最近のサイトカイニン作用の調節や生合成・輸送システムの研究により，複数存在するサイトカイニン分子種の中で特定のものがシュートの成長を促進する作用をもつこと，その分子種はおもに根で合成され地上部へ輸送されて作用すること，そのしくみは窒素などの栄養状態に応答した成長調節において重要な役割を担っていることが明らかになった。さらに維管束内の特定の組織でサイトカイニン生合成を増強することが，二次木部組織の元となる形成層細胞の分裂促進に有効であることが明らかになった。

4.1 形質制御のキープレイヤー，植物ホルモン

植物ホルモンは，植物の一生のさまざまな局面で情報分子として重要な役割を果たしている。たとえば，オーキシンは植物が重力や光に応答して屈曲する際に行なう偏差成長のための情報分子として，また，ジベレリンは種子発芽や成長軸方向への細胞の伸長制御などにそれぞれはたらいているが，ここにあげた作用例はごく一部で，それぞれのホルモンは他の多くの形質の調節にも関与している[1)]。植物ホルモンの種類もまた多様である。オーキシン，ジベレリン，サイトカイニン，アブシジン酸，ジャスモン酸，サリチル酸，エチレン，ブラ

シノステロイドなど古くから知られる低分子化合物型のものに加え，最近ではペプチド性の情報分子の存在も明らかになっている。現在においても新しいホルモンが次々に同定されており，最近でも植物の枝分かれを制御する植物ホルモンとしてストリゴラクトンが同定されている[2)]。

植物ホルモンの役割は，植物生長の基本的なしくみを司るものであるという認識が強いが，じつは人間にとって有用な多くの形質の調節に関連しており，作物形質の調節や改良にとっても欠くことのできないものである。実際にホルモン作用を利用した植物成長調整剤も広く使われている。たとえばジベレリン処理による種無しブドウの生産である。また，作物育種においても植物ホルモンの作用が利用された例は多い。

最も有名なのは20世紀中頃にコムギやイネで起こった「緑の革命」である。作物に肥料を投与すれば成長は旺盛になるが，一方で草丈が高くなると倒伏しやすくなり，収量増加に結びつかないというジレンマがあった。そこで，草丈は低くなるが穂長への影響が少ない短稈性をもたらす自然変異を利用することで，多施肥でも倒伏しにくい栽培品種が育種された。これによってコムギやイネの生産量は倍増し，地球レベルでの食料危機が回避されたといわれている。この原因遺伝子は，いずれもジベレリンの情報伝達や生合成にかかわる遺伝子であった[3)]（**図 4.1**）。また，イネの多収性の主要因である粒数を制御する自然変異のひとつが，サイトカイニンの代謝にかかわる遺伝子であることも明らかにされている[4)]。つまり人類は知らず知らずのうちに，植物ホルモンの作用を調節する変異を利用することで作物の生産性を高めてきたわけである。

人為的な改変例も数多く報告されている。先駆的な例としてあげられるのが，サイトカイニン合成誘導を自己制御させたタバコである。葉の老化時に誘導されてくる遺伝子（*SAG12*）のプロモーターの下流にサイトカイニン合成酵素遺伝子 *IPT* を融合させたキメラ遺伝子を導入したタバコでは，通常では老化に向かう下位葉でサイトカイニンが合成されることから，老化が遅延し，タバコ葉の収量性を上げられることが示された[5)]（**図 4.2**）。これは老化開始時のみにはたらくプロモーターを利用することで，導入遺伝子の駆動時期を制限していることが特徴である。

しかしながら実際には，人為的にホルモン作用を改変する方法で，望んだ有

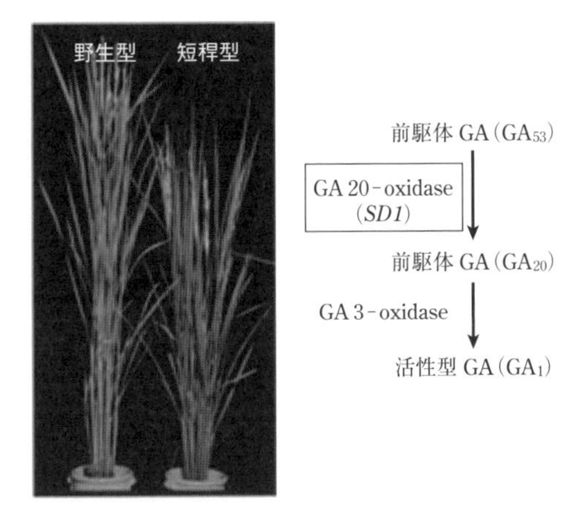

図 4.1　ジベレリン生合成経路の GA20-オキシダーゼ遺伝子への自然変異によって生まれたイネの短稈性品種［写真提供：名古屋大学松岡信博士］

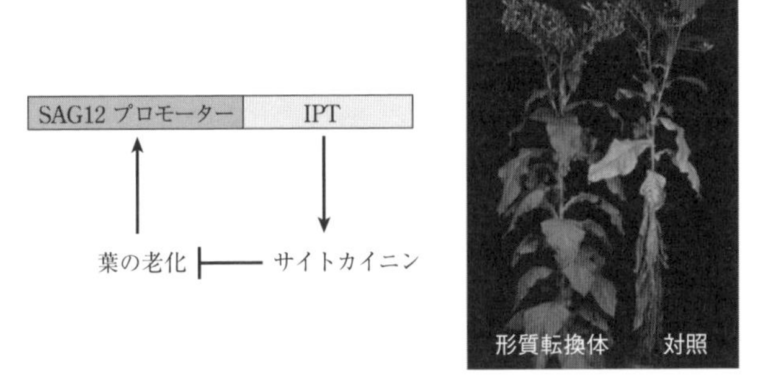

図 4.2　サイトカイニン生合成によるタバコ葉の老化の抑制
葉の老化誘導性のプロモーターを利用することで，サイトカイニン合成を自己制御したタバコ（形質転換体：左）と対照（右）。［Guo and Gan（2014）*J. Exp. Bot.* を改変］

用形質のみに効果の出た作物を得ることは容易ではない。これは，多くの試みがカリフラワーモザイクウィルス（CaMV）由来の 35S プロモーターのような遺伝子の機能亢進に広く使われるプロモーターを使用しているためである。植物体全体で強く発現するこのプロモーターを使うことによって，1 つのホルモン作用を強化しようとしたときに目的の作用点以外にも影響が及んだり，強化の程度が適切でないことで逆にさまざまな負の効果が現われてしまう。つまり，特定の部位で特定の時期に，ピンポイントでホルモン作用を調節することが，ホルモン作用を利用した形質改変技術として重要なのである。そしてなにより，植物ホルモン作用調節のしくみを，物質レベル，分子レベルで理解するということが必要である。

4.2　植物ホルモンの動態を定量的にとらえる

植物ホルモンの生体内での濃度はだいたい nM（10^{-9}mol/L）レベルである。喩えると，分子量 200 程度の植物ホルモンの場合，25 m プール（長さ 25 m × 幅 10 m × 深さ 1 m）に米粒 2 つほど（50 mg）の量を溶かした濃度であり，どれくらい微量にしか存在しないかおわかりいただけると思う。これは光合成同化産物であるアミノ酸類や糖類に比べれば 1000 分の 1 から 100 万分の 1 程度であり，きわめて低い濃度で機能を果たしているといえる。

また，生体内でホルモンは均一に分布しているのではなく，特定の器官や組織や細胞で合成され，作用する部位も限られており，部位による濃淡差が大きい。また，拡散や輸送システムによって細胞間や器官間を移動するので，合成場所と作用点が異なる場合もある。さらに，ホルモンの情報伝達系も何層ものフィードバック制御によって，情報が過剰に流れないように調節されている。このように，体内では合成と代謝，輸送と情報伝達の緻密な制御が行なわれている。

極微量のレベルで調節されている植物ホルモンの作用をより正確に理解するためには，それらの動態を定量的にとらえることが重要である。また，植物ホルモンの作用は他のホルモンとのバランスで決められていることも多く，単一のホルモンの情報だけでは，ある現象を正確に理解することはできない。つまり，ある器官や組織における植物ホルモン群の内生量が，遺伝子改変や環境変化によってどのように変化するかということを，定量的なデータを基に考察・理解することによって初めて植物分子生理学に基づいたバイオマスのデザインが可能になる。

定量的解析の手段として，質量分析技術を駆使した包括的な植物ホルモン定量解析技術が開発されている[6)]。質量分析技術開発の進展はめざましく，15 年前は植物試料がグラム単位で必要であったものが，現在ではミリグラム単位で十分であり，また分解能も格段に向上している。これにより，ハイスループットで高感度のホルモン動態一斉解析が可能となっている。この技術により，たとえば植物体内の道管や師管内を輸送される植物ホルモンの動態解析や，さまざまな変異体のホルモン内生量の比較解析が行なわれている。

4.3 シュートの成長を促進制御するサイトカイニン

サイトカイニンは植物細胞の増殖に必要な植物ホルモンとして発見され，現在では葉の老化の遅延，カルスからの地上部（シュート）の再分化，地下部（根）の成長抑制，維管束形成や側枝の伸長などさまざまな形質に作用することが示されている。

植物の成長には，シュートが縦方向に成長する一次成長と，茎の肥大により横方向に成長する二次成長がある。いずれにおいても，未分化状態の細胞からなる組織がその成長の原動力となっている。シュートの先端にある分裂組織（茎頂分裂組織）はおもに一次成長の原動力となる組織であり，未分化状態の細胞群を維持しながら葉器官をつくりだし，縦方向に成長を続ける。また，二次成長は茎の形成層細胞が増殖し，木部細胞がつくられることで肥厚していく。未分化状態である形成層細胞は分裂を続けながら外側に師部を，内側に木部をつくりだす（**図 4.3**）。草本植物に比べて木本植物は二次成長が長期間持続するため，セルロースを主成分とするいわゆる木部が構造体のほとんどを占めるようになる。木本植物の二次成長の持続性は，言い換えれば形成層細胞の分裂の持続性である。

茎頂分裂組織と形成層細胞の分裂活性の維持にサイトカイニンが重要なはたらきをしている。たとえばサイトカイニン受容体の機能不全シロイヌナズナ変異体では，茎頂分裂組織が収縮してしまう[7)]。生合成の不全変異体でも同様の表現型が見られる。サイトカイニン生合成の初発反応を触媒する酵素遺伝子 *IPT* の機能を著しく弱めたシロイヌナズナの変異体ではシュートの成長が抑制されるが，花茎の断面を観察すると形成層の細胞数が著しく減少している[8)]。ポプラでは，サイトカイニン受容体遺伝子のプロモーター下流にサイトカイニン分解酵素遺伝子 *CKX* を融合させたキメラ遺伝子を導入したところ，形成層

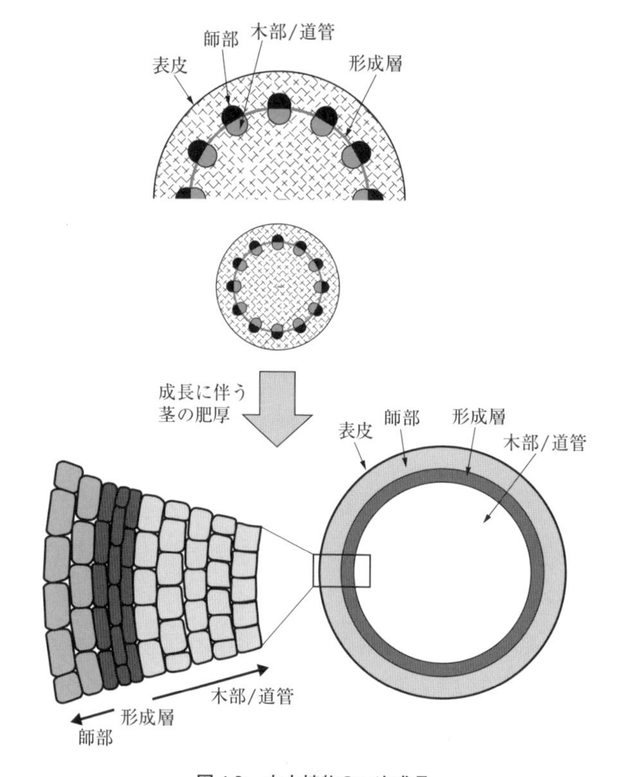

図 4.3　木本植物の二次成長

茎の断面図を模式的に示した。形成層細胞が分裂し，外側に師部，内側に木部を持続的につくりだす。

細胞の数が減少した[9)]。つまり，サイトカイニンの作用は二次木部の元となる形成層細胞の分裂活性の維持に重要であることがわかる。このことは，サイトカイニンの活性をうまく操作することで二次木部の増産が可能であることを示唆している。

4.4　サイトカイニンの作用は量的にも質的にも制御されている

植物ホルモンの作用を調節する最も一般的なしくみは，その植物ホルモンの生体内での濃度を変化させることである。つまり，生合成や分解にかかわる酵素遺伝子の発現を調節することで，生体内の活性分子の量的な制御を行なう。しかし最近の筆者らの研究により，量的な調節に加えて，分子修飾によりサイトカイニン作用の強さを変化させる，いわゆる質的な作用調節機構のしくみの存在が明らかになった[10]。

サイトカイニン活性をもつ天然化合物は1つではなく，構造の類似した複数の活性分子が知られている。代表的なものは，トランスゼアチン（tZ）とイソペンテニルアデニン（iP）である。両者は植物に広く存在するサイトカイニンであり，両者の構造のちがいはプレニル鎖末端の水酸基の有無である（**図 4.4**）。両者はともにサイトカイニンとしての活性はもつものの，この構造の多様性のもつ意味や，それぞれに生理的役割のちがいがあるか否かについてはわかっていなかった。そこで筆者らは，tZ と iP の役割のちがいについて検討を行なった。

その前に，サイトカイニン生合成について少し説明する。植物体内ではまずはじめに iP の前駆体がつくられ，それにシトクロム P450 酵素であるCYP735A タンパク質がプレニル基末端に水酸基を付加することで，tZ の前駆体を生成する（図 4.4）。つまり，CYP735A の機能を人為的に調節することで，tZ の生体内濃度を変化させることができると考えた。そこで，CYP735A の機能が不全になったシロイヌナズナ変異体を詳しく解析した。野生型のシロイヌ

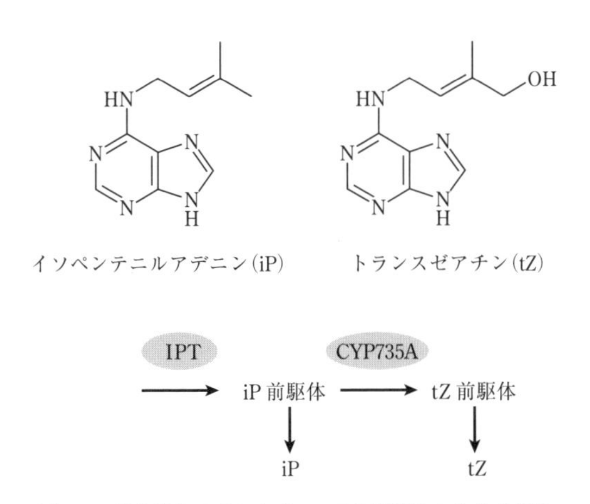

図 4.4 代表的なサイトカイニンの化学構造と生合成経路
IPT により合成された iP 前駆体に CYP735A が水酸基を付加することで，tZ 前駆体を合成する。

ナズナではiP型とtZ型のサイトカイニンはほぼ同量存在するが，この変異体ではサイトカイニンの総量には変化がないものの，ほぼすべてがiP型になっていた。また，その植物はシュートの成長が著しく不全になり，草丈も葉面積も花茎径も小さくなっていた（**図4.5**）。さらに詳細に調べると，茎頂の先端にある分裂組織や，花茎の形成層組織も縮小していたことから，tZはこれらの分裂組織の活性維持に必要であることがわかった。

ここで興味深い点は，この変異体では地上部のみでその成長が抑制されていたことである（図4.5）。一般的に，サイトカイニンの作用が弱められた変異体では，地上部の生育は抑制される一方で，根の成長は促進される。tZが植物体全体でiPよりも強い作用をもつのだとすれば，同様の表現型を示すはずである。しかし，根ではtZ欠損の効果が見られなかったことから，tZは地上部でのみiPよりも強い作用をもつということになる。もう１つ興味深い点は，*CYP735A*は根の維管束で発現する遺伝子ということである。つまり，発現している器官とは異なる器官で変異の効果が現われるのである。この結果は，tZが合成されたあとに地上に移動して作用していることを示唆している。実際に，

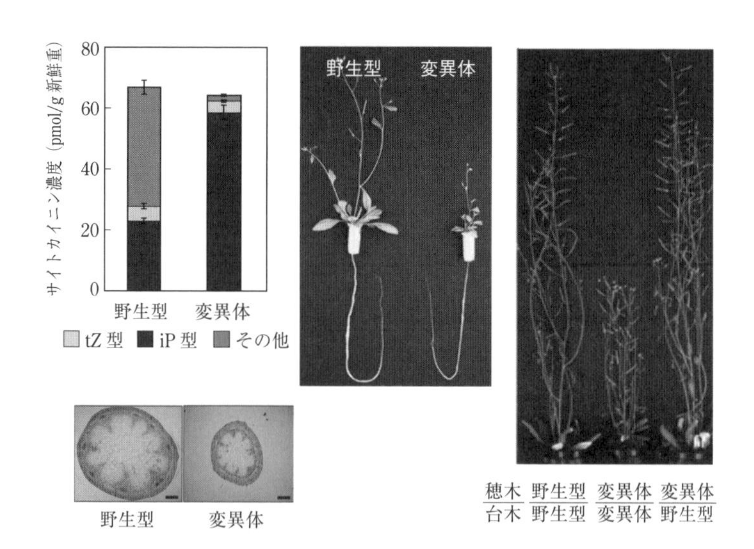

図4.5　野生型とtZを欠損させたサイトカイニン変異体の比較
左上：サイトカイニン内生量の比較。真中：植物体の比較。左下：花茎の断面図。右：野生型と変異体のさまざまな組合せでの接木植物。

野生型を台木，変異体を穂木にした接木植物では，地上部の成長阻害は完全に相補された（図 4.5）。

では，tZ 含量を増やしたらどうなるのであろうか。*CYP735A* 遺伝子を CaMV 35S プロモーター制御下で過剰発現させたところ，上述の変異体とは逆に内生のサイトカイニンのほとんどが tZ 型となり，地上部の成長が促進され，新鮮重量で 16〜32% ほど増加した[10]（**図 4.6**）。このことは，サイトカイニンの総量を変えなくても，組成を変化させるだけで地上部の成長を促進させることができることを示している。

4.5　サイトカイニンの長距離輸送にかかわる遺伝子

前述のように，サイトカイニンは器官から器官へと輸送される。植物体内の長距離輸送は，道管と師管という通道組織を介して行なわれるが，前述の植物ホルモン定量解析技術の利用により，道管液中では tZ 型が，師管液中では iP 型が主要なサイトカイニン分子種であることが明らかになった。サイトカイニ

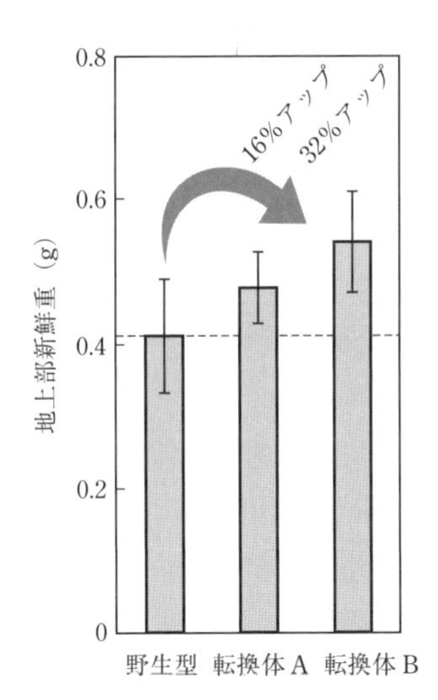

図 4.6　tZ 比率を増やしたシロイヌナズナ形質転換体におけるバイオマスの増加
理化学研究所プレスリリース図（http://www.riken.jp/pr/press/2013/20131126_1/）を改変。

ンの生合成の初発酵素遺伝子 *IPT* は，ゲノム上に同様の配列をもつ遺伝子が多数存在し，多重遺伝子族を構成しているが，そのなかでも主要な遺伝子は師部で発現している。つまり，師部で合成された iP 型サイトカイニンの一部は師管を介して地下部に輸送され，そこで CYP735A タンパク質により水酸基付加修飾を受けて tZ 型に変換されたのち，こんどは道管を介して地上に輸送されると考えられる。

この器官間のサイトカイニンの移動には何らかの輸送システムがはたらいていることが予想されていたが，長年その実体は不明であった。しかし最近，成長に不全をきたすシロイヌナズナの輸送体遺伝子変異体の解析から，地下部から地上部へのサイトカイニン輸送の鍵となる遺伝子 *ABCG14* が同定された[11]。この遺伝子の変異体は，CYP735A タンパク質の機能不全変異体と類似の成長不全を起こすが，外から tZ を与えると成長が回復した。また，ABCG14 機能不全変異体では道管液のサイトカイニン濃度が大幅に減少していた。この遺伝子はおもに根の維管束で発現していることから，師管から道管へのサイトカイニンの積み替えの過程にかかわると考えられる。

4.6　窒素の栄養情報の一部はサイトカイニン情報に変換される

では，植物体内における iP 型から tZ 型への分子変換と，地上部→根→地上部という半循環的なサイトカイニンの輸送は，植物の成長調節にとってどのような意味をもつのであろうか。

植物は，根から無機栄養と水を，葉から CO_2 を吸収し，光合成により成長に必要な有機物をつくりだしている。また，植物の茎頂と根端には未分化状態の分裂組織があり，それらがつねに新しい器官をつくりだしながら成長している。茎頂および根端分裂組織の成長様式は，その植物が置かれた環境に対して，個体として最適化されるように調節される。このため，遺伝的にまったく同じ植物でも，育つ環境によって植物個体の形態は大きくちがってくる。環境に応じた植物成長の最適化のためには，シュートと根のあいだで，糖やアミノ酸などの同化産物以外にもなんらかの情報のやりとりが行なわれており，その情報のやりとりによって，それぞれの器官が調和して成長するようなしくみがあると考えられる。

サイトカイニン作用の質的な調節機構と器官間輸送のしくみは，栄養環境に応答した個体としての植物成長の最適化に大切なはたらきをしていることがわかりつつある。たとえば，師部領域で発現する*IPT*遺伝子は，硝酸イオンやグルタミン濃度などの窒素栄養情報に応答して発現が誘導されることが明らかにされている。窒素栄養が潤沢な条件では，IPTのはたらきによって師部でiP型前駆体が合成され，このiP型前駆体は師部を介して根に輸送される。さらに，根に運ばれたiP型前駆体はCYP735Aのはたらきでt Z型に変換され，ABCG14により道管に積み込まれ地上部に運ばれていく。この地上へのtZ輸送量がシュート成長の調整を行なっていると考えられる。つまり，窒素栄養状態が良好な環境ではシュートの成長が促進されるが，窒素栄養状態の感知は根だけで行なわれているわけではなく，全身の師部でサイトカイニンという成長促進シグナルに変換され，さらに根でシュート成長促進シグナルであるtZに変換され地上部の成長調節を行なっている（**図4.7**）。

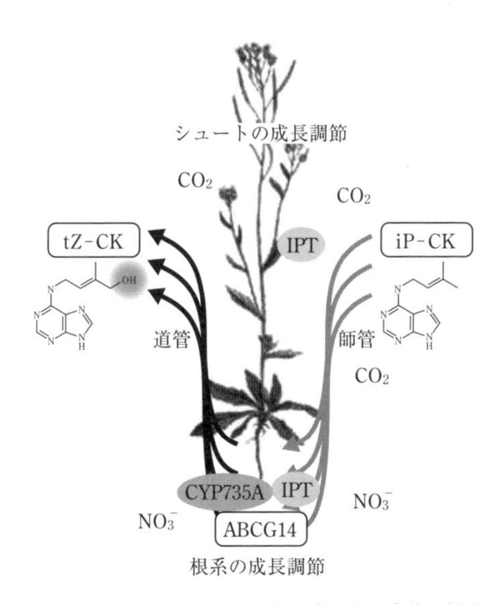

図4.7　栄養環境に応答したサイトカイニンの生合成と分子変換，輸送による植物成長の調和的な調節のしくみ

4.7　時空間的なサイトカイニン活性調節の試み

前に述べたように，筆者たちは，植物体内のサイトカイニンの組成を改変することでバイオマスの量を増加できることをモデル植物で示した。ただし，木質バイオマスに焦点をしぼった増産のデザインをめざすためには，どの組織や細胞でサイトカイニンの作用を高めれば形成層細胞の分裂活性の持続的な亢進につながるのかを知る必要がある。そこで，先行研究で報告されている維管束のさまざまな組織で発現するプロモーター16種類を選定し，サイトカイニン合成酵素遺伝子IPTを連結したキメラ遺伝子をシロイヌナズナに導入した。ここで使用した*IPT*は植物病原菌由来のもので，サイトカイニンの中でもシュートでの作用が強いtZ型を直接合成するタイプのものである。それら形質転換体の表現型を詳細に観察したところ，形成層の師部側で発現するプロモーターを使用した形質転換体で花茎径の肥厚が観察された（**図4.8**）。この形質転換体では，形成層細胞の数，木質化細胞の数のいずれも有意に増加していた。一方，それ以外の場所で機能するプロモーターを使用した場合には，このような効果は見られなかった。

さらに，この効果を木本類で検証するために，同様のキメラ遺伝子を用いて組換えポプラを作出し，現在その形質評価を行なっている。予備的な観察では，茎の径は対象に比べて肥厚したものの，カルスからの再分化時における発根効率の低下や節間長の短縮など，シロイヌナズナでは見られなかった当初の目的以外の形質にもいくらかの影響が出ているようである。シロイヌナズナのプロモーターを使用しているため，ポプラでは形成層細胞以外の部位で発現しているのかもしれない。今後，表現型の詳細な解析と並行してプロモーターの再検討を行なうことで，よりよい結果を得られると期待している。

4.8　応用への期待と今後の課題

今回の研究により，サイトカイニンの作用を人為的に改変することで，バイオマスの増産が可能であることをモデル植物で実証するとともに，そのしくみ

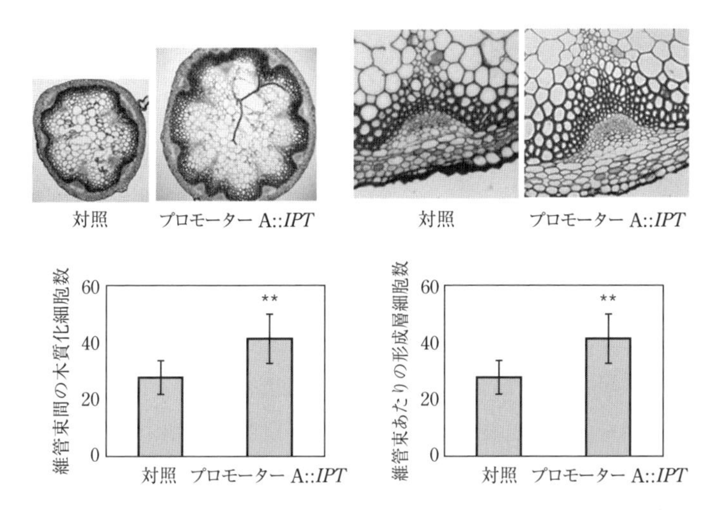

図 4.8 組織特異的なプロモーターを利用したサイトカイニン合成の増強による木部の増産
＊＊：$p < 0.01$

の一端を分子レベルで解き明かすことができた。今後はさらに特定の分子種を特定の部位で増強させることで，より細やかなバイオマス増産のデザインが可能になると期待される。このようなホルモン作用のピンポイント操作は，負の形質を生む副次的な効果を極力抑えることができる，新しい植物改変法となるであろう。また，サイトカイニンもしくは同様の活性をもつ化合物を植物の特定の部位に投与する方法を詳細に検討することにより，現存の木本品種のバイオマス生産量を増大させることも期待できる。さらに，他の研究でバイオマスの質的改変技術の開発の試みもされており，それらの新たな技術と組み合わせることで，バイオマス生産の質と量の双方を同時にデザインできる時代が来ることを期待したい。

謝辞 この研究を進めてくれた大薄麻未博士，木羽隆敏博士，小嶋美紀子技師，および理研 CSRS 生産機能研究グループの皆さんに感謝いたします。また，組換えポプラを作出いただいた奈良先端科学技術大学院大学バイオサイエンス研究科の出村拓教授と中野仁美研究員に感謝いたします。

参考文献

1) 小柴共一・神谷勇治編：新しい植物ホルモンの科学 第2版（2010）講談社

2) Umehara, M. *et al.* (2008) Inhibition of shoot branching by new terpenoid plant hormones. *Nature*, **455**, 195-200

3) Sasaki, A. *et al.* (2002) Green revolution: A mutant gibberellin-synthesis gene in rice. *Nature*, **416**, 701-702

4) Ashikari, M. *et al.* (2005) Cytokinin oxidase regulates rice grain production. *Science*, **309**, 741-745

5) Gan, S. and Amasino, R.M. (1995) Inhibition of leaf senescence by autoregulated production of cytokinin. *Science*, **270**, 1986-1988

6) Kojima, M. *et al.* (2009) Highly-sensitive and high-throughput analysis of plant hormones using MS-probe modification and liquid chromatography-tandem mass spectrometry: an application for hormone profiling in *Oryza sativa*. *Plant Cell Physiol.*, **50**, 1201-1214

7) Higuchi, M. *et al.* (2004) *In planta* functions of the Arabidopsis cytokinin receptor family. *Proc. Natl. Acad. Sci. USA*, **101**, 8821-8826

8) Matsumoto-Kitano, M. *et al.* (2008) Cytokinins are central regulators of cambial activity. *Proc. Natl. Acad. Sci. USA*, **105**, 20027-20031

9) Nieminen, K. *et al.* (2008) Cytokinin signaling regulates cambial development in poplar. *Proc. Natl. Acad. Sci. USA*, **105**, 20032-20037

10) Kiba, T. *et al.* (2013) Side-chain modification of cytokinins control shoot growth in Arabidopsis. *Dev. Cell*, **27**, 452-461

11) Ko, D. *et al.* (2014) Arabidopsis ABCG14 is essential for root-to-shoot translocation of cytokinin. *Proc. Natl. Acad. Sci. USA*, **111**, 7150-7155

第5章 スーパー樹木で木質バイオマスを増やす

木質バイオマスとは樹木の木材に由来するバイオマスであり，その実体は「二次細胞壁」とよばれる厚い植物細胞壁である。木質バイオマスは，古くから薪などの燃料，建材，紙パルプとして実社会で広く利用されてきたが，地球上のその存在量がきわめて大きく再生可能な資源であることから，今後は木質バイオマスの利用が大幅に増えることが期待されている。近年の，植物による二次細胞壁の合成の仕組みに関する研究や，樹木のバイオテクノロジーに関する研究の発展によって，植物バイオマスから有用な製品をつくる，バイオリファイナリー利用に適した樹木を遺伝子工学の力を借りて作出することも可能となってきた。本章では，そういった研究の実例を紹介し，スーパー樹木の開発と木質バイオマス利用の将来像について考える。

5.1 木質バイオマスって何？

「木質バイオマス」という言葉を聞いたことがある人は多いと思うが，それがどんなもので，どのように利用されているか，をちゃんと説明できる人は少ないだろう。そもそも「バイオマス」とは，エネルギーや材料として利用することが可能である生物（いきもの）に由来する有機性資源のことを指す。石油や石炭などの化石資源ももともとは生物由来の有機性資源ではあるが，バイオマスには含まない。そして，バイオマスのなかでも樹木の材（木材）に由来する資源や製品を「木質バイオマス」とよぶ。木質バイオマスというと，燃料用の木質チップなどの特別な製品のことを指しているように感じるかもしれないが，それ以外にも，薪（まき）や木炭などの燃料，製材や集成材などの建材，木製の家具，そして，紙やパルプなど身近なものがじつは木質バイオマスなのである（**図 5.1**A～C）。

そうすると，「木質バイオマスとは，薪，建材，製紙パルプなどの木材を由来とする燃料や材料に利用可能な資源である」ということで簡単な説明はつけられるのだが，本稿を読んだあとに読者の皆さんには，「木質バイオマス」についてもう少し理解を深めてもらいたいと思っている。そのためにまず，「木質」

図 5.1　木質バイオマス（口絵参照）

(A) 植林ユーカリ，(B) ユーカリ材，(C) ユーカリチップ，(D) ポプラ幼植物体の茎の断面図（光学顕微鏡写真）。青く染まっている部分が木部で，そのすぐ外側（青色と紫色のあいだの染色が薄い部分）が形成層。(E) ポプラ幼植物体の茎の断面図（電子顕微鏡写真）。繊維細胞の拡大図で，灰色の部分が二次細胞壁。［A～C：筆者がブラジルで撮影，D, E：中野仁美博士提供］

という言葉から紐解いていきたい。

「木質」とは文字どおり「木（木材）の性質・性状」を指すが，そもそも「木」と「草」のちがいは何なのだろうか。一般的な解釈では，茎（幹）を太らせて何年も生きるのが木で，茎を太らせずに1年（多くても数年）で死んでしまうのが草である。木の場合，幹のいちばん外周あたりに継続的に細胞分裂して内側と外側に次々と細胞をつくり出す「形成層」という組織があり，そのために幹が何年も太りつづける。形成層の内側につくり出されるのが「木部」とよばれる組織であり，この組織がもつ性質が「木質」である[1)]（**図 5.1**D）。

スギやヒノキなどの針葉樹の木部は「仮道管」という1種類の細胞から，また，ケヤキやコナラなどの広葉樹の木部は「繊維」と「道管」という2種類の細胞からできている。仮道管，繊維，道管の3つの細胞を総称して「木質細胞」とよぶ。この木質細胞に共通した性質は，堅くて微生物などによって分解されにくいことである。植物の細胞が細胞壁や葉緑体をもつことは読者の皆さんはご存知だと思うが，木質細胞は微生物に分解されにくくて堅くて厚い「二次細胞壁」とよばれる細胞壁をもっている。この二次細胞壁のために，木材は丈夫で長持ちするのである（**図 5.1**E）。

二次細胞壁の主要な成分は，セルロース，ヘミセルロース，リグニンの3つである（**図 5.2**）。二次細胞壁の約 50% を占めるセルロースは，ブドウ糖（β-グルコース）が直鎖状に重合した，とても安定な炭水化物（多糖類）であり，近年注目を集めている天然性の素材であるセルロースナノファイバー（第8章参照）の原料となるほか，ブドウ糖に分解することでバイオエタノールの原料にもなりうる。ヘミセルロースも炭水化物の一種で，セルロースとは異なり多様な単糖が重合したものである。樹木の二次細胞壁には，おもに β-キシロースが重合した「キシラン」とよばれるヘミセルロースが約 25% 含まれている。近年では，ヘミセルロース由来の糖類からのバイオエタノール生産にも注目が集まっている。そして，二次細胞壁の残りの約 25% を占めるリグニンは「フェニルプロパノイド」とよばれる一群のフェノール性化合物が重合した，巨大かつ難分解性の高分子で，木材が分解されにくいのはリグニンを多く含むからである。リグニンのもつエネルギーは高く，木材からの製紙用のパルプをつくる過程で抽出されたリグニン（黒液ともよばれる）は，重油を代替する燃料とし

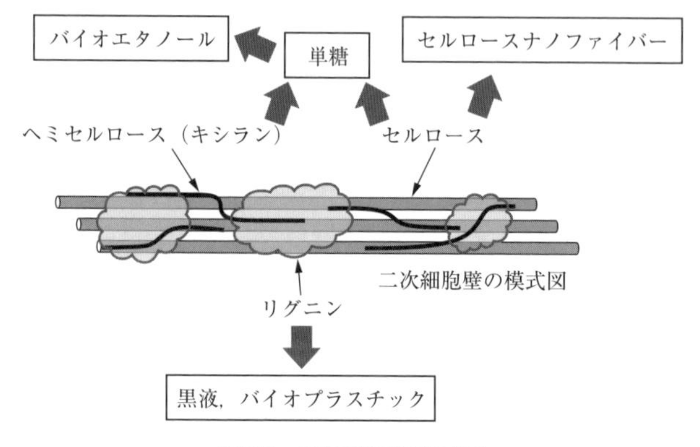

図 5.2　二次細胞壁の模式図

て利用されている。さらに最近では，リグニンをバイオプラスチックなどの原料として利用する研究も盛んに進められている。

このように，木質バイオマスは従来からの利用に加えて，バイオエタノールやバイオプラスチックの原料として利用することが可能である。さらに，木質バイオマスのもつ特徴として，陸上での存在量がきわめて大きく，そして再生可能なことがあげられる。また，木質バイオマスの利用によって放出される CO_2 は，再度植物に吸収され木質バイオマスに変換されることから，大気中の CO_2 量が増えることはない（これを「カーボンニュートラル」という）。

5.2　木質バイオマスを増やす

木質バイオマスが地球の将来のためにたいへん重要であることはおわかりいただけたと思う。今後，木質バイオマスの利用は増えていくものと考えられるが，その需要を満たすには木質バイオマスを増やす必要がある。では，木質バイオマスを増やすにはどうしたらよいだろうか。

木質バイオマスを増やすため，まずは木質バイオマスをつくり出す樹木を栽培（植林）する面積を増やしていく必要がある。栽培面積を増やすにあたり，自然林を破壊しての植林や，既存の耕作地を植林地に変えるといった過去に行なわれてきた方法は，自然林保護の観点，人口増加により食料の需要が増大していることから考えても，現実的とはいえない。したがって，耕作には向かない乾燥地や寒冷地などに植林を進めることが求められるが，そのためには乾燥や寒冷に対する耐性が高い樹木を選抜・開発していく必要がある。また，乾燥地や寒冷地以外でも生産地の気候に適した樹木を選抜すること（すなわち「適地適木」），さらには木質バイオマスの利用に適した樹木を選抜することも，木質バイオマスを増やし利用するためには重要である。

たとえば，製紙パルプ用のチップの原料となるユーカリはオーストラリア大陸とタスマニア島を原産とする樹木であり，約500以上の種類が知られているが，製紙パルプ原料として用いられているのはごく一部である。パルプを生産する重要なステップに，原料である木材チップを水酸化ナトリウム溶液（苛性ソーダ）で煮て木材繊維を取り出す工程（蒸解）があり，この蒸解のしやすさと得られる木材繊維の量の多さは「パルプ化特性」とよばれている。パルプ化特性は，ユーカリの種類や栽培方法（栽培地）によって大きく異なることが知られていて，原産地であるオーストラリアではパルプ化特性の優れたユーカリとして *Eucalyptus globulus* が選ばれ利用されてきた。一方，ブラジルでは，高温多雨地帯への適性がある *Eucalyptus grandis* がおもに利用されている。

しかしながら，木質バイオマス需要の大幅な増大が見込まれる将来には，木質バイオマスを増やすためのさらなる努力が必要になってくると考えられる。木質バイオマスを増やす努力の一つとして現在研究が進められているのが，遺伝子組換え技術を用いた「スーパー樹木」の開発である。

5.3 スーパー樹木

スーパー樹木とは，さまざまな研究開発によって普通の樹木よりも優れた性質をもつように改変された樹木を指す言葉である。必ずしも遺伝子組換え樹木を指すものではないが，従来の育種法（優れた親どうしを掛け合わせて両者のよい性質をあわせもつ個体を選ぶ交配育種や，自然のなかから特殊な性質をもつ個体を選抜してくる選抜育種；第1章参照）で樹木を改変するにはとても長い時間がかかることから，スーパー樹木の開発には遺伝子組換えによって特定の性質を付与していく分子育種がきわめて有効である[2)]。

前出のユーカリを対象としたスーパー樹木開発としては，筑波大学などの研究グループによる「耐塩性ユーカリ」の開発が知られている。この耐塩性ユーカリには，ユーカリがもともと持っていない３種類の遺伝子が導入されている。1つは，熱帯から亜熱帯の河口域に生息する耐塩性マングローブの一種（*Bruguiera sexangula*）から発見され，大腸菌や酵母，さらにはタバコの培養細胞で発現させることによりそれらの細胞の耐塩性を向上させることが見いだされていたマングリン遺伝子。２つめは，土壌細菌 *Arthrobacter globiformis* のコリンオキシダーゼ（*codA*）遺伝子。海岸や乾燥地で生育できる植物の一部は，塩分によるストレスを受けると「適合溶質」とよばれる化合物を細胞内に貯めることで細胞内に水分や塩類が流入するのを防いでいるが，*codA* 遺伝子はその適合溶質の一つであるグリシンベタインを合成する遺伝子である。３つめは，塩生植物であるアイスプラント（*Mesembryanthemum crystallinum*）の葉緑体型 RNA 結合タンパク質の遺伝子であり，マングリンと同様に大腸菌やタバコに導入すると耐塩性が向上する。筑波大学などの研究グループは，これら３つの遺伝子を導入した遺伝子組換えユーカリを作出し，その遺伝子組換えユーカリが遺伝子を導入していない野生型のユーカリよりも高い耐塩性を示すこと，塩害地と同等の条件（75 mM の NaCl 水溶液の投与）でのバイオマス生産性が野生型ユーカリよりも２割以上高いことを確認している[3)]。

このような耐塩性スーパー樹木の開発は現在日本の研究グループが先導しているが，世界を見渡すと他にもいくつものスーパー樹木開発の実例がある。なかでも，ベルギーなどのヨーロッパ諸国における低リグニン化ポプラ，中国における害虫耐性ポプラ，ブラジルにおける高生産性ユーカリの開発が目を引く。

リグニンの生合成にはとても多くの遺伝子がかかわっているが，そのなかの一つであるシンナモイル CoA レダクターゼ（*CCR*）遺伝子の発現レベル（はたらく量）を人為的に低下させた遺伝子組換えポプラでは，木質バイオマスからの糖（グルコースなど）を取り出す効率（糖化性）を２倍程度まで向上させられることが野外での栽培試験で実証されている[4)]。中国での害虫耐性ポプラの作出には，トウモロコシやダイズの遺伝子組換えで有効性が証明されている細菌 *Bacillus thuringiensis* 由来の結晶性殺虫タンパク質（*Cry*）遺伝子が用いられており，この害虫耐性ポプラについてはすでに商用栽培が承認されて，

500ヘクタールもの栽培が報告されている[5)]。ブラジルのFuturaGene社が開発した高生産性ユーカリは，セルロースの合成と分解にかかわる遺伝子としてβ-1,4-グルカナーゼ（*Cel1*）遺伝子とセルロース結合ドメイン（*CBD*）遺伝子を利用しており，FuturaGene社は自社のホームページでこれらの遺伝子の利用によって通常7年の栽培期間を5年半にまで短縮できると発表している(www.futuragene.com)。この高生産性ユーカリについては2015年の春にブラジルでの商用栽培が認められており，本格的に遺伝子組換えスーパー樹木の実用化が進むことが期待されている。

5.4　木質バイオマスをつくる遺伝子の発見

先述のように，これまでにも複数の遺伝子を用いて樹木の木質バイオマスの量と質を改変するための研究が盛んに行なわれてきた。しかしながら，木質バイオマスの複雑な成分組成を考えると，木質バイオマスの量と質を改変するのに利用できる遺伝子の種類はもっと多いはずで，新たな遺伝子を用いることによりこれまでにない優れた性質をもったスーパー樹木の開発も可能になることが期待される。そのような遺伝子を新たに見いだすためには，まずは木質バイオマスの生合成の仕組みを理解することが重要である。

これまでに，二次細胞壁の主要な成分であるセルロース，キシラン，リグニンの生合成にかかわる酵素の遺伝子が数多く見つかっている。遺伝子を見つけるためにいろいろな研究手法が用いられてきたが，最も有効だったのが薬剤処理などでシロイヌナズナの遺伝子配列にランダムに傷（変異）を入れた突然変異体を用いた研究である。特定の遺伝子の配列に傷が入り，その遺伝子の機能が変化することによって，植物の全体的な成長や一部の細胞の分化に異常が起きることがある。木部の例でいうと，通常は丸い筒状の構造をもつ道管が，つぶれたような形態になるシロイヌナズナの突然変異体がいくつかの研究グループによって発見されていた。どの遺伝子に変異が入っているのかをそれぞれ調べたところ，二次細胞壁の合成に関係する数多くの遺伝子が同定された。これらの変異体では二次細胞壁の強度が低くなったために，道管がつぶれてしまったものと考えられている。さらに，これらの突然変異体の多くでは，道管だけではなく繊維の二次細胞壁の性質も変化していることがわかり，同定されたこれらの酵素遺伝子を利用して木質バイオマスの質を改変することができる可能性が示された[6]。

筆者の研究グループは，これまで木質バイオマスの正体ともいえる「二次細胞壁」をもつ代表的な細胞，「道管」について，その細胞ができる（分化する）仕組みを遺伝子レベルで研究してきた。最初に行なったのが，道管が分化する過程でどのような遺伝子がはたらくのかを徹底的に調べることである。道管は植物体の奥深くで分化するため，分化途中の道管を植物体から取り出すことはたいへん困難である。そこで筆者らは，試験管の中で人為的に道管への細胞分化を起こすことができるヒャクニチソウとシロイヌナズナの2つの実験系を用いた[7,8]。

ヒャクニチソウの実験系では，葉っぱから取り出した細胞に植物ホルモンであるオーキシンとサイトカイニンを作用させることで，試験管の中で道管を分化させることができる。シロイヌナズナはモデル植物として世界中で植物の研究に用いられており，この根っこを由来とする細胞をブラシノステロイドという植物ホルモンとホウ酸で刺激することで道管に分化させる実験系である。これらの実験系を用い，一度に数千種類から数万種類の遺伝子の発現レベルの変動を調べることができる「マイクロアレイ法」とよばれる実験手法で，道管の分化過程ではたらく遺伝子を解析したところ，数百種類の遺伝子が道管の分化の際に特異的にはたらくことを見いだした[8,9]。

これら特異的な遺伝子のなかには，セルロースやリグニンの合成にかかわる遺伝子が数多く含まれていた。そして，筆者らによるさらなる解析から，それらの遺伝子の発現を制御することにはたらくタンパク質（「転写制御因子」という）の遺伝子群が特定された[8〜11]（**図5.3**A）。これら転写制御因子のなかでも，植物特有のNAC型の転写制御因子であるVND7の発見は，将来の木質バイオマスの改変のためにもたいへん重要な発見だと自負している。なぜなら，この*VND7*遺伝子をはたらかせるだけで，いつでもどの植物のどの細胞でも木質バイオマスをつくり出すことができるのである[12]。*VND7*遺伝子をはたらかせることにより，実際に植物体の表面（表皮細胞）で木質バイオマスをつくり出す過程を詳細に観察することが可能となり（**図5.3**B），筆者らは世界に先駆け

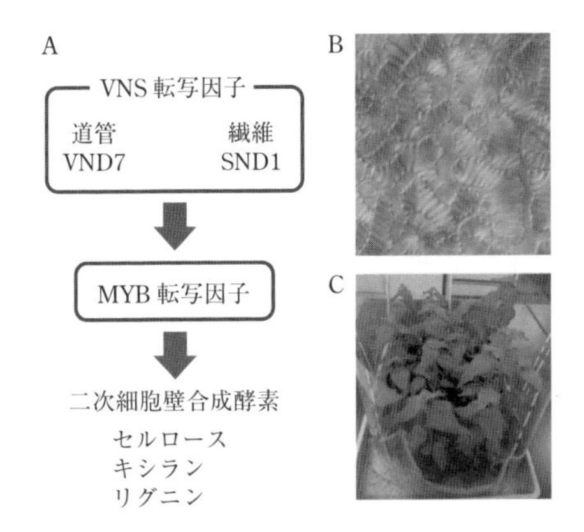

図 5.3　VNS 転写因子と遺伝子組換えポプラ

(A) VNS 転写因子による二次細胞壁合成の経路，(B) VND7 転写因子によってシロイヌナズナの葉っぱに誘導された道管の写真，(C) 転写因子を導入した遺伝子組換えポプラの写真。［提供：中野仁美博士］

て二次細胞壁のセルロースが合成されるときにはたらくセルロース合成酵素の動態（動き方や密度）を観察することに成功した[13]。さらに，道管以外の木質細胞の一つである繊維への分化の制御は，*VND7* 遺伝子と同じグループに属する *SND1* 遺伝子などが担うことが見いだされている[14,15]。

これら遺伝子の発見を機に，木質バイオマスを合成する仕組みの理解が急速に早まった。たとえば，*VND7* 遺伝子や *SND1* 遺伝子のはたらきによって，別なタイプの転写制御因子である MYB が活性化され，二次細胞壁の 3 つの成分，すなわちセルロース，ヘミセルロース，リグニンの量や質を微調整していることが明らかになってきた[16,17]。さらには，VND7 転写制御因子のはたらきを高めるためのしくみ[18]や逆にはたらきを抑える仕組み[19]も明らかになってきた。今後は，これらの転写制御因子遺伝子を利用することで，木質バイオマスの量や質を改変することが可能になると考えている。

5.5　木質バイオマスをつくる仕組みの進化

地球の歴史上，植物はまず水の中で藻類として誕生した。その後，コケ類として陸に上がり，シダ植物として乾燥に耐えられるようになり，さらに進化して種子を付ける裸子植物（針葉樹など）が生まれ，現在は被子植物（広葉樹やその他の顕花植物）が陸上で繁栄するに至っている。このような植物の進化のなかで，シダ植物が乾燥に耐える能力を身につけた要因の一つに，水を運ぶとともに植物体を支える役割もあわせもつ「仮道管」の発達をあげることができる。さらに裸子植物では，仮道管が幹の大半を占めるまでに発達し，被子植物では仮道管の代わりに水の輸送を担う「道管」と植物体の支持を担う「繊維」を発達させている[20]。

モデル植物であるシロイヌナズナで，転写制御因子 VND7 と SND1 が道管と繊維の分化を制御することはすでに述べたが，広葉樹であるポプラやユーカリでも，*VND7* や *SND1* とよく似た遺伝子群（ここでは *VNS* 遺伝子とよぶ）が道管と繊維の分化を制御することが示されている[21,22]。さらに筆者らの最近の研究では，針葉樹であるテーダマツの *VNS* 遺伝子群が「仮道管」の分化を制御していることを示すデータが得られつつある（中野仁美ほか：未発表）。

今のところ，シダ植物の仮道管の分化が被子植物や裸子植物と同様に *VNS* 遺伝子によって制御されているのかどうかについての直接的な研究データはないが，それを示唆するような結果が筆者らのコケ類を用いた解析から得られている。

コケ類のなかで蘚類（せんるい）に分類されるヒメツリガネゴケは，いくつかの理由からモデルコケ植物として盛んに研究に用いられている。いちばんの理由は，特定の遺伝子を人為的に操作すること（遺伝子ターゲティングとよばれる）が植物のなかでは最も容易であることだ。そのために世界中の研究者が注目するに至り，2007 年には日本を中心に米国やドイツなどの国際共同研究として全ゲノムが解読されている[23]。筆者らは，このヒメツリガネゴケの全ゲノム解読の結果を受けて，*VNS* 遺伝子の存在を調べたところ，ヒメツリガネゴケが８つの *VNS* 遺伝子（*VNS1*～*VNS8*）をもつことに気づき，それらがどのような役割をもつのかについて興味をもった。

形態学的な観察から，コケ類のなかには，水を運ぶことにはたらくと予想される「道束（あるいはハイドロイド）」とよばれる細胞と，からだを支えることにはたらくと予想される「ステライド」とよばれる細胞をもつコケが存在することが知られていた。調べてみると，ヒメツリガネゴケも道束とステライドをもっていることがわかり，筆者らはヒメツリガネゴケの *VNS* 遺伝子が道束とステライドの分化にかかわっているのではないかと予想した。

そこでまず，ヒメツリガネゴケの *VNS* 遺伝子をシロイヌナズナの中で強制的にはたらかせてみた。そうすると，きわめて不思議なことに，*VND* 遺伝子や *SND* 遺伝子と同様，このヒメツリガネゴケの *VNS* 遺伝子はシロイヌナズナの中で道管様の細胞をつくってしまった。このことは，*VNS* 遺伝子の機能がコケ植物から被子植物までの長い進化の過程でずっと保存されてきたことを物語っていた[24)]。

さらに，ヒメツリガネゴケの *VNS* 遺伝子が，それぞれヒメツリガネゴケのどの細胞や組織ではたらくのかを調べたところ，少なくとも一部の *VNS* 遺伝子は道束とステライドが分化するときにはたらいていることがわかってきた。なかでも *VNS1*，*VNS6*，*VNS7* の 3 つの遺伝子は，葉っぱの道束とステライドが分化するときに強くはたらくことがわかった。このことから，*VNS1*，*VNS6*，*VNS7* の 3 つの遺伝子をすべて破壊したヒメツリガネゴケをつくり，道束とステライドの分化の様子を調べてみたところ，予想どおり，道束の数が減ったり，ステライドの細胞壁が薄くなったりした。一方で，*VNS4* は茎の道束が分化するときに強くはたらくことがわかり，*VNS4* を破壊した植物では茎の道束が完全に無くなっていた。そして興味深いことに，*VNS1*，*VNS6*，*VNS7* を同時に破壊した植物でも *VNS4* を破壊した植物でも，遺伝子破壊を行なっていない野生型の植物と比べて乾燥に対してかなり弱くなり，実験的に 75% 相対湿度の環境に置くことで簡単に萎れてしまうことがわかった。さらに，これらヒメツリガネゴケの *VNS* 遺伝子がどのような遺伝子の発現を制御しているのかを調べてみたところ，シロイヌナズナやポプラと同様，細胞壁の合成に関与する遺伝子群の発現の制御を司っていることが示された[24)]。

このように，コケ植物と種子植物の両方で，*VNS* 遺伝子が水を輸送する細胞とからだを支える細胞の分化を制御していることから，陸上植物の進化のなかで *VNS* 遺伝子の機能は高く保存されてきたことがうかがえる。そして，この保存性の高さゆえに *VNS* 遺伝子を人為的に制御することにより，陸上植物すべてにおいて木質バイオマスの改変が可能になると期待されている。

5.6　木質バイオマスの質と量を改変する

木質バイオマスの質を改変する方向性として現在注目度が高まっているのが，産業に直結する「蒸解性」あるいは「糖化性」の向上である。いずれもリグニンの量と質を改変することで達成されうる。リグニンの量を減少させるために，前述の *CCR* 遺伝子の発現抑制以外にも，リグニン合成にかかわる他の酵素の遺伝子の発現を抑制したポプラがつくられている[25)]。リグニンの質を改変するために，特定のリグニン合成酵素遺伝子の発現を高める試みもある。フェルロイル CoA モノリグノール転移酵素をはたらかせることによって，より穏やかなアルカリ処理でも分解するようなリグニンを有するポプラも作出された[26)]。セルロースとキシランの量や質の改変に向けた試みも数多く報告されていて，これまでの技術を組み合わせることでかなり多様な二次細胞壁／木質バイオマスの特性をもった植物のデザインが可能になると期待される。

一方で，複数の遺伝子の発現を同時に改変しようとする場合には，「遺伝子サイレンシング」という，生物がもつ特殊な機能がネックになる可能性が高いとも考えられている。たとえば2種類の遺伝子の発現を同時に高めようとしても，一方の発現が高まるともう一方の発現が抑制されてしまったり，よい性質の植物がいったんできてもその子孫ではその性質がまったく現われなかったり，などということが起こりうるのである。これを克服する方法の一つとして筆者らは，VNS などの転写制御因子を利用して二次細胞壁／木質バイオマスの合成にかかわる遺伝子群の発現レベルを丸ごと改変してしまうことが有効だと考えている。まだ検証の段階ではあるが，ポプラがもっている 16 種類の VNS 転写因子はそれぞれが異なる遺伝子セットを制御することができるようで，それぞれのポプラ *VNS* 遺伝子をシロイヌナズナで1つずつ強制的に発現させると，シロイヌナズナの繊維の性質が変わったり，繊維を多数含む茎（花茎）の糖化性が大きく向上したり，ということが明らかになっているのである（大谷美沙都ほか：未発表）。ポプラを用いた研究でも，VNS 転写制御因子のなかで最初に発見された *VND7* 遺伝子を強制発現させたポプラと，*VND7* に配列がよく似ている別の VNS 転写制御因子（VND6）の遺伝子を強制発現させたポプラでは，二次細胞壁／木質バイオマスのさまざまな性質が少しずつ異なることも明らかになってきている（大谷美沙都ほか：未発表）。

以上のように，遺伝子組換え技術を用いて木質バイオマスの質を変えることは，現在現実的な視野に入ってきたといえる。一方で，木質バイオマスの量を増やすためには，前述したとおり，植物体そのものを大きくする，成長を早める，環境ストレスへの耐性を高める，といった試みのほかにも，植物体や個々の細胞の大きさには手を触れずに二次細胞壁の厚さを増やすという手段が考えられる。筆者らは，二次細胞壁の厚さを増やすための試みとして，VNS 転写制御因子や MYB 転写制御因子を木質細胞だけでさらに活性化させる方法に挑戦している。ポプラでこの方法を試してみたところ，すでに一部の遺伝子組換えポプラで 2 倍程度の厚さの二次細胞壁をもった繊維をつくり出すことに成功している（中野仁美ほか：未発表）（**図 5.3**C）。植物体の大きさを変えずに二次細胞壁の厚さだけが 2 倍程度増えたということは，単位面積あたりの木質バイオマスの生産量が 2 倍に増えたということだ。また，導入した転写制御因子によって活性化される遺伝子群も変化して木質バイオマスの質も変わることから，この方法を使うことにより量と質の同時改変が可能になる。今後は，こういった転写制御因子のもつ性質を詳細に解析していくことで，木質バイオマスの質と量をねらったとおりにデザインできるようになると期待している。

5.7　今後のスーパー樹木の開発の方向性

ここまで述べたように，現在技術的にはさまざまな優れた性質をもったスーパー樹木の開発が可能になっているが，そのようなスーパー樹木を実際に利用するためには解決しなければならない課題がいくつもある。まずは，スーパー樹木の商用栽培の認可であろう。遺伝子組換えであるかどうかにかかわらず，自然界の樹木と異なる性質をもったスーパー樹木が，実際に自然界で栽培されたときに環境にどのような影響を与えうるかについては腰を据えた検証が必要になってくるだろう。次の課題は，そのようなスーパー樹木をどこで栽培するかである。日本でもスーパー樹木の開発が進められているが，日本国内で木質バイオマスの栽培のために利用できる土地は現時点では多くはない。現在のスギやヒノキの森を少しずつでも新しいスーパー樹木に置き換えてみるといった冒険が必要なのかもしれない。あるいは，東南アジア諸国との連携のもと，東南アジアの製紙パルプ用の植林地でスーパー樹木を栽培することがより現実的であるかもしれない。

そして，何といっても大きな課題として，化石資源にほぼ完全に依存した社会から，木質バイオマスといった生物資源を上手に利活用する社会への変換があげられる。こういったさまざまな課題に対する取り組みと，優れた木質バイオマスをもったスーパーバイオマスの開発が同時に進んだこれからの未来に期待したい。

参考文献

1) 西谷和彦・梅澤俊明：植物細胞壁，講談社（2013）
2) 大谷美沙都・出村拓：セルロース系バイオマスの生産に向けたGM早生樹木の研究開発．セルロースナノファイバーの調製，分散・複合化と製品応用，技術情報協会出版（2015）
3) 松永悦子ほか：遺伝子組換えによるバイオマスエネルギー高生産樹木の創生，バイオマスエネルギー先導技術研究開発・平成23年度成果報告会資料
4) Van Acker *et al.*（2014）Improved saccharification and ethanol yield from field-grown transgenic poplar deficient in cinnamoyl-CoA reductase. *Proc. Natl. Acad. Sci. USA*, **111**, 845-850
5) Lu, M. -Z. and Hu, J. -J.（2011）A brief overview of field testing and commercial application of transgenic trees in China. *BMC Proceedings*, **5**（Suppl. 7）, O63
6) Turner, S. *et al.*（2007）Tracheary Element Differentiation. *Ann. Rev. Plant Biol.*, **58**, 407-433
7) Fukuda, H. and Komamine, A.（1980）Establishment of an experimental system for the tracheary element differentiation from single cells isolated from the mesophyll cells of *Zinnia elegans*. *Plant Physiol.*, **65**, 57-60
8) Kubo, M. *et al.*（2005）Transcription switches for protoxylem and metaxylem vessel formation. *Genes Dev.*, **19**, 1855-1860
9) Demura, T. *et al.*（2002）Visualization by comprehensive microarray analysis of gene expression programs during transdifferentiation of mesophyll cells into xylem cells. *Proc. Natl. Acad. Sci. USA*, **99**, 15794-15799
10) Demura, T. and Fukuda, H.（2007）Transcriptional regulation in wood formation. *Trends Plant Sci.*, **12**, 64-70
11) Demura, T. and Ye, Z. -H.（2010）Regulation of plant biomass production. *Curr. Opin. Plant Biol.*, **13**, 298-303
12) Yamaguchi, M. *et al.*（2010）VASCULAR-RELATED NAC-DOMAIN6 and VASCULAR-RELATED NAC-DOMAIN7 effectively induce transdifferentiation into xylem vessel elements under control of an induction system. *Plant Physiol.*, **153**, 906-914
13) Watanabe, Y. *et al.*（2015）Visualization of cellulose synthases in *Arabidopsis* secondary cell walls. *Science*, **350**, 198-203
14) Mitsuda, N. *et al.*（2005）The NAC transcription factors NST1 and NST2 of *Arabidopsis*

regulate secondary wall thickenings and are required for anther dehiscence. *Plant Cell*, **17**, 2993-3006

15) Zhong, R. *et al.* (2006) SND1, a NAC domain transcription factor, is a key regulator of secondary wall synthesis in fibers of *Arabidopsis*. *Plant Cell*, **18**, 3158-3170

16) Zhong, R. *et al.* (2008) A battery of transcription factors involved in the regulation of secondary cell wall biosynthesis in *Arabidopsis*. *Plant Cell*, **20**, 2763-2782

17) Nakano, Y. *et al.* (2010) MYB transcription factors orchestrating the developmental program of xylem vessels in *Arabidopsis* roots. *Plant Biotechnol.*, **27**, 267-272

18) Endo, H. *et al.* (2015) Multiple classes of transcription factors regulate the expression of VASCULAR-RELATED NAC-DOMAIN7, a master switch of xylem vessel differentiation. *Plant Cell Physiol.*, **56**, 242-254

19) Yamaguchi, M. *et al.* (2010) VND-INTERACTING2, a NAC domain transcription factor, negatively regulates xylem vessel formation in *Arabidopsis*. *Plant Cell*, **22**, 1249-1263

20) Tyree, M. T., Zimmermann, M. H. 著，内海康弘ほか訳：植物の木部構造と水移動様式，シュプリンガー・ジャパン (2012)

21) Ohtani, M. *et al.* (2011) A NAC domain protein family contributing to the regulation of wood formation in poplar. *Plant J.*, **67**, 499-512

22) Hussey, S. G. *et al.* (2012) *SND2*, a NAC transcription factor gene, regulates genes involved in secondary cell wall development in *Arabidopsis* fibres and increases fibre cell area in *Eucalyptus*. *BMC Plant Biol.*, **11**, 173

23) Rensing, S. A. *et al.* (2008) The *Physcomitrella* genome reveals evolutionary insights into the conquest of land by plants. *Science*, **319**, 64-69

24) Xu, B. *et al.* (2014) Contribution of NAC transcription factors to plant adaptation to land. *Science*, **343**, 1505-1508

25) Ye, X. *et al.* (2011) Transgenic *Populus* trees for forest products, bioenergy, and functional genomics. *Crit. Rev. Plant Sci.*, **30**, 415-435

26) Wilkerson, C. G. *et al.* (2014) Monolignol ferulate transferase introduces chemically labile linkages into the lignin backbone. *Science*, **344**, 90-93

第6章

バイオリファイナリー
——バイオマスと微生物によるものづくり

でんぷんやセルロース，油などの植物バイオマス資源を利用して燃料や機能性化学品に生産するプラットフォームを，バイオリファイナリーとよぶ。これまでにバイオエタノールのための資源として利用されているサトウキビ由来の糖蜜や廃糖蜜などは食糧と競合しており，近い将来その使用が制限される可能性が高い。そこで，食料と競合しない農業廃棄物を新しいバイオマス資源として利用する技術の開発が進められている。廃棄物のバイオマス資源を利用するためには，強固なセルロースを微生物が利用しやすい形に分解する前処理が必要不可欠である。本章では，バイオリファイナリーの現状，農業廃棄物の前処理の技術開発について最新知見を紹介するとともに，今後，植物バイオマスの工業利用を推し進めるために必要となる「バイオコンビナート」の構想について解説する。

6.1 バイオリファイナリーとは？

これまでに人類は，地中から化石資源を取り出し，それを基に燃料や多様な化学品を製造してきた。しかしながら，地球温暖化の一因と考えられる CO_2 排出の増加を抑制することや化石資源枯渇問題などが近年注目を集めており，化石資源に依存しない新しい化学産業構造を創造することが求められてきている（**図 6.1**）。

化石資源に代わる資源として注目を集めているのが，植物バイオマスである。植物バイオマスとは，光合成によって大気中の CO_2 を吸収し，生育する植物の総称である。バイオマス資源は，米やトウモロコシなどのでんぷん，稲わら

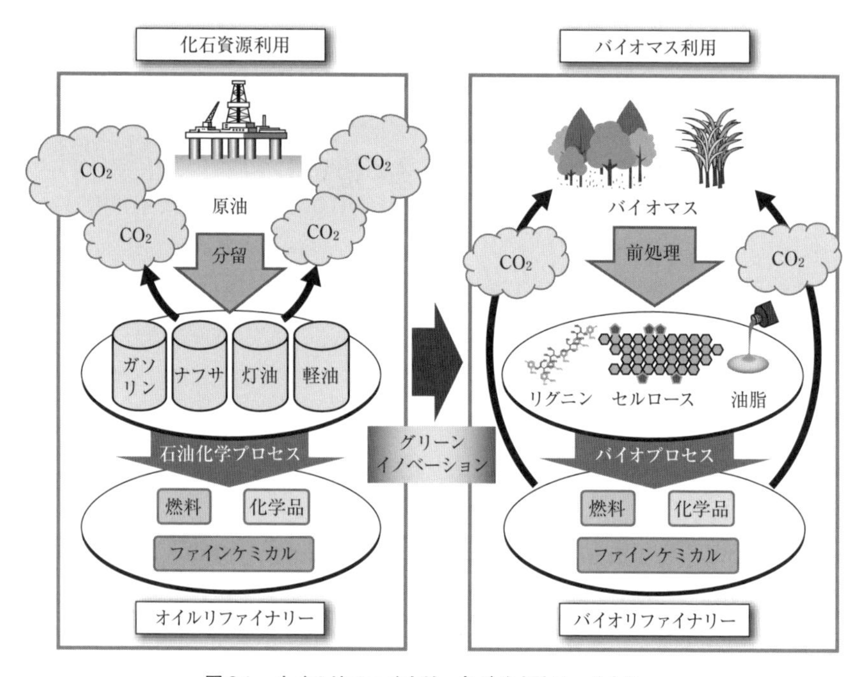

図 6.1　オイルリファイナリーとバイオリファイナリー

や木などのセルロース類，そしてパーム油などに代表される植物油，の大きく3つに大別される。これらのバイオマス資源の基となる植物は，光合成を行なうことで空気中の CO_2 を吸収・固定化し，酸素を生み出す（第2章参照）。したがって，植物バイオマス資源を利用するということは，大気中の CO_2 を循環利用するということであり，それによって CO_2 濃度の上昇が抑制されて，地球温暖化を防止する効果があると期待されている。

植物バイオマス資源は，地球上に存在する資源の量としてもとても多く，現在われわれが毎年使用している化石資源の総量をはるかに上まわる量のバイオマス資源が地球上に存在するという試算もあり，有効利用できる資源としての可能性は高いと期待されている。このように，バイオマス資源を有効活用して，燃料や化学品，機能性化学品（ファインケミカル）を生産するプラットフォームは「バイオリファイナリー」とよばれている。このバイオリファイナリーにおける要素技術開発としては，先述の多様なバイオマス資源（とくに稲わらなどの廃棄性の未利用資源）を原料として，その構造を部分的に破壊するバイオマス前処理に，稲わらや木などを利用する場合はセルラーゼ酵素糖化によるグルコース・キシロース生産が続き，さらにその後の目的化合物に応じた微生物による化合物発酵生産，その下流における目的化合物分離のための濃縮や，化学反応工程との連携による燃料・化学品・機能性化学品の生産までの一貫プロセス評価など，多様な技術が含まれる。つまり，バイオリファイナリーを成立させるためには，これらの多様な技術を理解し，それらを組み合わせることが重要なのである。

本章では，この分野の最近のトレンドについてまず紹介し，その後，これら一連の技術開発の要素技術に関してのわれわれの研究の一端を紹介したい。さらには，これらのバイオリファイナリーを体系化することで可能となると思われるバイオコンビナートの概念についても紹介したい。

6.2 身のまわりにあるバイオ由来の製品群

すでに世界では，バイオマスを原料として，微生物を用いたエタノールなどのバイオ燃料のみならず，多様なバイオ化学品を製造する動きが活発になってきており，多くの企業が石油資源からバイオマス資源へと原料転換を行なった製品の商品化に着手している。そして，**図 6.2** に示すように，私たちの身のまわりのさまざまな製品群が，従来の石油資源を原料としたものからバイオマスを原料とするものへと転換されつつある。その製品群の種類や原料も多岐にわたり，近年では植物バイオマスを原料とした多くの化学製品群の生産が可能となりつつある（**表 6.1**）。また最近のエコブームにより，消費者側からもこのような植物バイオマスを原料とした化学製品群の需要が生まれてきており，今後はこれまでに以上に，さらに多様な化学品を生産可能とする微生物の育種や生産を行なう産業が活発になると期待される。これらの植物バイオマス利用の産業を興す企業は今までのところ米国や欧州を中心に発展しており，残念ながら日本で起業されたケースはいまだ少ないのが現状である。

図6.2　身のまわりにある多様なバイオ由来化合物群
現在，177品目が生産されており，今後も需要が伸びると推測される。
［日本バイオプラスチック協会資料より］

6.3　微生物によるものづくり——一貫プロセスの重要性

バイオマス資源，とくに廃棄性のバイオマス資源であるリグノセルロースを原料として製品をつくる際には，リグノセルロースを化学反応あるいは微生物発酵により，利用しやすい形に変換する過程が必要となる。微生物による発酵で製品を生産する場合においては，**図6.3**に示すような3種類の発酵方式が考えられる[1)]。いちばん上に示している糖化後発酵（separate hydrolysis and fermentation；SHF）プロセスは，現在最もよく使用されている発酵プロセスである。しかしながら，このSHFプロセスでは，糖化用のセルラーゼを生産する発酵タンク，バイオマスの糖化用タンク，キシロースなどのペントース（C5）発酵用タンク，およびグルコースなどのヘキソース（C6）発酵用のタンク，

表 6.1 2014／2015 年世界で注目を集めているバイオ燃料・バイオ化学品企業 TOP20

	バイオ燃料関連		バイオ化学品関連	
1	LanzaTech（米国）	ガス化による燃料製造	Genomatica（米国）	ブタンジオールなど
2	GranBio（ブラジル）	セルロース系バイオエタノール	Solazyme（米国）	藻類による油脂製造
3	Algenol（米国）	微細藻類バイオエタノール	Amyris（米国）	ディーゼル燃料およびジェット燃料
4	Novozymes（デンマーク）	酵素供給メーカー	BASF（ドイツ）	バイオ由来化学品
5	Solazyme（米国）	藻類による油脂製造	LanzaTech（米国）	ガス化による燃料製造
6	DuPont（米国）	セルロース系バイオエタノールおよび酵素	DSM（オランダ）	バイオ由来化学品
7	POET-DSM Advanced Biofuels（米国）	セルロース系バイオエタノール	ElevanceRenewable Sciences（米国）	メチルエステルなど
8	Beta Renewables / Chemtex（米国，中国，インド）	バイオ由来ポリマー	DuPont（米国）	セルロース系バイオエタノールおよび酵素
9	DSM（オランダ）	セルロース系バイオエタノール	BioAmber（カナダ）	コハク酸，ブタンジオール
10	AbengoaBioenergy（米国）	セルロース系バイオエタノール	Virent（米国）	バイオ化学品メーカー
11	Amyris（米国）	ディーゼル燃料およびジェット燃料	Novozymes（デンマーク）	酵素供給メーカー
12	POET（米国）	バイオエタノール	Avantium（オランダ）	フラン化合物，レブリン酸
13	Renewable Energy Group（米国）	バイオディーゼル	Verdezyne（米国）	アジピン酸
14	Enerkem（カナダ）	セルロース系バイオエタノール	Gevo（米国）	イソブタノール
15	BASF（ドイツ）	バイオ由来化学品	Myriant（米国）	コハク酸
16	Sapphire Energy（米国）	微細藻類バイオエタノール	Braskem（ブラジル）	バイオエチレン
17	CoolPlanetEnergy Systems（米国）	ガス化による燃料製造	Renewable Energy Group（米国）	バイオディーゼル
18	BP Biofuels（ブラジル）	バイオエタノール	Beta Renewables / Chemtex（米国，中国，インド）	バイオ由来ポリマー
19	Virent（米国）	バイオ由来化学品	OPX Biotechnologies（米国）	アクリル酸，脂肪酸
20	Gevo（米国）	イソブタノール	NatureWorks（米国）	乳酸

http://www.biofuelsdigest.com/bdigest/2015/ を参考に作成。

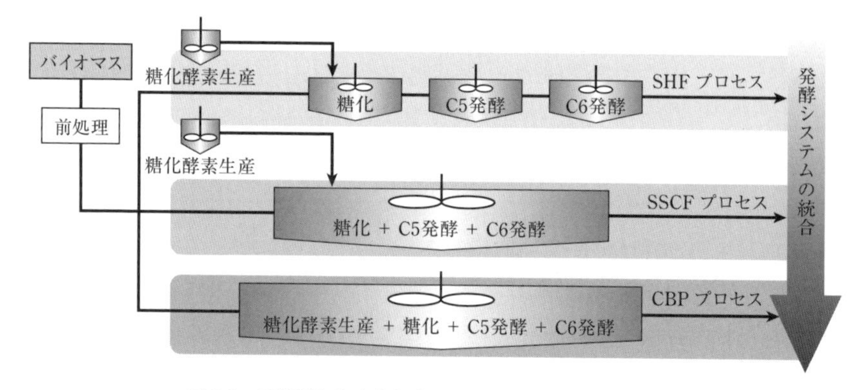

図 6.3　3種類あるバイオプロセス：一貫プロセスの必要性

SHF：separate hydrolysis and fermentation, SSCF：simultaneous saccharification and co-fermentation, CBP：consolidated bioprocessing.

と計4つのタンクを必要とするため，全体としてコスト高になる。

一方，同時糖化発酵（simultaneous saccharification and co-fermentation；SSCF）プロセスでは，糖化に必要な酵素は別途タンクを設けて生産することが必要であるが，機能化された微生物を用いることで，それ以降の糖化およびペントース／ヘキソース発酵プロセスを同一タンク内にて実施することができる。この場合，ペントースおよびヘキソースを同時に資化可能とする微生物の育種が大きな課題となってくるが，SSCF プロセスは SHF プロセスと比べて，操作する発酵槽を劇的に低減できるメリットがあり，工業化的側面からみてもかなり魅力的である。

さらに，使用する微生物を遺伝子組換えなどの方法で改変し，微生物そのものにセルロースを分解する能力，そしてペントースおよびヘキソースを同時に資化可能とする能力を付与することで，原料となるセルロースの分解から最終醗酵までを1つのタンクで可能とする consolidated bio-processing（CBP）プロセスの構築が可能となる。このプロセスは酵素生産のタンクを必要とせず，リグノセルロースの分解からヘキソース生産まですべてを1つのタンクで実施することが可能であるために，工業的な制御が容易となり，また経済的な効率性も高まると期待される。

今後，植物バイオマスと微生物を利用したものづくりをさらに発展させていくためには，現状のSHFプロセスよりもより高度でかつコストが削減できるSSCFプロセスやCBPプロセスへと進化させていくことが必要である。そのためには，微生物を改変し，進化させていくことが重要な研究課題であるといえる（第7章参照）。

6.4　原料となる植物バイオマスの紹介

微生物による発酵生産を工業的規模で行なうには，その原料となる植物バイオマスの安定的な調達が重要となる。現在，国内外のバイオリファイナリーで期待されている原料バイオマスについて紹介したい（**図6.4**）。

サトウキビの搾汁液（糖蜜）や，米・トウモロコシ・ジャガイモなどのでんぷん質は，食料として使用されている資源であり，食糧問題と競合するためにバイオリファイナリーの原料としての利用は避けられつつある。現在はおもに，稲わらなどの農業残渣（廃棄性バイオマス）や間伐材，これまで紙の原料として使われていたユーカリなどの森林資源が，原料として期待されている。

利用できる農業残渣としてはさまざまなものがあるが，日本国内に限定して考えれば，稲作が盛んであるために米を収穫したあとの稲わらの有効利用が考えられる。しかし，稲わらを工業的規模で利用するためには，ある一定以上のまとまった耕作地の確保が必要となるが，その観点でみると日本国内でこの条件を満たしている箇所はかなり少ないのが現状である。したがって，まとまった量の農業残渣を安定して確保するためには，東南アジアなどで展開されている農業プランテーションと連携し，資源を確保することが最も効果的であると考えられる。その観点では，東南アジアで生産されているサトウキビ，パーム油産業，さらにはゴムなどから発生する農業残渣が，バイオリファイナリーに活用可能な重要資源であると考えられる。たとえばサトウキビの茎の搾りかすとして生成するバガスは，現在は製糖工場での熱資源として利用されているのみであるが，良質なリグノセルロース資源であると考えられている。パーム油では，パーム椰子の殻であるヤシ空果房（empty fruits bunch；EFB）の利用が期待されている。EFBはパーム油生産の過程で必ず発生する残渣だが，そのほとんどは肥料という名目で農場に返還されて，廃棄（野積み）されているの

非可食バイオマス：稲わら，間伐材など。食料と競合しない。

可食バイオマス：トウモロコシ，サトウキビなど。食料と競合する。

草本系バイオマス

・リグニンなどの発酵阻害物質が少ない
・かさが高い
・腐敗性が高い

比較

木質系バイオマス

・リグニンなどの発酵阻害物質が多い
・かさが低い
・腐敗性が低い

稲わら

稲作の副生産物として多量に発生。飼料としての利用は一割程度，多くはすき込みに利用。
収穫期は1回／年。

サトウキビバガス（搾りかす）

砂糖製造の加工残渣として発生。
沖縄県の生産量は20万トン／年。
収穫期は1回／年。

ヤシ空果房（EFB）

パーム油製造の加工残渣として発生。
熱帯地域での生産量が高い。
通年で利用することが可能。

スギ

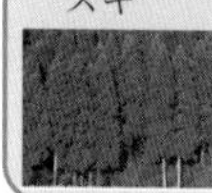

木質系バイオマス：おもに間伐材や端材として発生する。
バイオマス構成成分が草本系バイオマスと異なる。
分解に対する抵抗性が高い。通年で利用することが可能。

図6.4　バイオリファイナリー原料となる可能性の高い多様なバイオマス資源

が現状である。また，これら以外にも，樹液を利用するゴムの木は約15年から20年で倒木するため，老齢のゴムの木も良質なバイオマス資源として注目を集めている。

一方で，現在，紙の原料として利用されているユーカリなどの森林資源も，バイオマス原料として注目されている。製紙産業は国内外で積極的に展開されてきた一大産業であり，産業発展当初はスギなどの針葉樹が使われていたが，その後，経済発展に伴う需要の拡大によりユーカリなどの早生広葉樹も使用されるようになった。オーストラリアなどにおいては製紙業のための大規模植林が盛んに行なわれており，ユーカリなどの安定的な供給が可能となっている。

製紙業ではこれらの木材を原料として，クラフトパルプといわれる「紙のもと」を，環境にも配慮した循環的プロセス（アルカリ蒸解プロセス）で生産している。しかしながら近年，リーマンショックやペーパーレス社会への移行などの社会的背景に伴って紙の需要が低下しつつあり，原料となるクラフトパルプの多面的な利用が考えられている。その1つの選択肢として，バイオリファイナリー原料への利用が注目されているのである。

6.5　植物バイオマスの前処理法

これまでに，稲わらやサトウキビ，ゴム，ユーカリなど，多様なバイオマスが製品化に使えるということを紹介してきた。これらは，草本系，木本系と，植物の種類や形態自体は大きく異なるが，バイオリファイナリーに利用できる農業残渣自体は，セルロース，ヘミセルロース，そしてリグニンなど共通の物質で構成されている。これらの物質は，各成分が共有結合や水素結合によって，植物細胞壁という強固な構造を構成している（第5章および第8章参照）。したがって，バイオマスを微生物によって資化させるには，まず強固な結晶構造を物理的・化学的な処理によって緩和させ，その後にセルラーゼ・ヘミセルラーゼなどによって糖化し，微生物が利用可能な単糖成分にまで分解する必要がある。この，植物バイオマスを微生物利用できる形に変換するのが，前処理プロセスである。

前処理（まえしょり）プロセスでは，さまざまな物理的・化学的な前処理が提案されており，目的に応じてプロセスを選ぶことができる（**表6.2**）。これらの多様な処理のうち，現在日本において積極的に研究開発がなされているのが，水熱法である。この手法は，他の手法と比べて化学薬品を使用せず，温度と圧力のみでバイオマスの構造を緩和するため，環境負荷が少ないという利点を有している。しかしながらこの方法では，発酵を阻害する複数の化学物質が発生するというデメリットがある。一方，少量の硫酸を用いる希硫酸法は多くのプラントで実用化に至っており，最もよく知られた方法のひとつであるが，処理後の中和過程で石膏が発生し，その除去や処理のプロセスを含めなければならないというデメリットがある。他にも，表に示したような複数の前処理法があるが，次節では，

表 6.2　多様なバイオマス前処理

前処理法	処理温度	特徴
水熱法 (高温・高圧法)	200～280℃	高温高圧処理→装置強度が必要 発酵阻害物発生
微細粉末化	室温	エネルギー多消費 処理時間が大
希硫酸法	200℃	高温高圧処理→装置強度が必要 発酵阻害物発生
硫酸法 アルカリ法	室温	環境負荷（副生成物）が発生 発酵阻害物発生
アンモニア法	160℃	アンモニアガスの回収設備が必要 ハード系バイオマスでは不適
微生物処理法	30～50℃	反応時間が長い
イオン液体	120～180℃	リグニンを分解せずに回収可能 イオン液体コストが課題

ソルガムの搾りかすであるソルガムバガスに対して行なった希硫酸前処理と，その前処理済みバイオマスを用いた微生物発酵についてのわれわれの研究成果を紹介する。

6.6　微生物によるものづくりの実例

神戸大学におけるわれわれのグループでは，サトウキビの一種であるソルガムのバガスをバイオマス資源として利用する技術の開発に取り組んできた。まず，ソルガムバガスに希硫酸前処理を施すことによって，セルロースを主成分とする不溶性の固体を獲得した（**図 6.5**a）。この，前処理を行なったあとのバイオマスは，前処理前と比べてバイオマスの構造が緩和されており，セルラーゼなどで処理することにより効率よくグルコースとキシロースにまで分解することが可能である。そこで，このソルガムバガスとセルラーゼ，そしてフェニル乳酸（PhLA）を生産するように遺伝子を組み換えた大腸菌（筑波大学の高谷先生より提供，第7章参照）を用いて，SHF と SSF の2種類の発酵プロセスを実施した。

まず，バイオマスの酵素分解を行なったのちに，分解されてできてきたグル

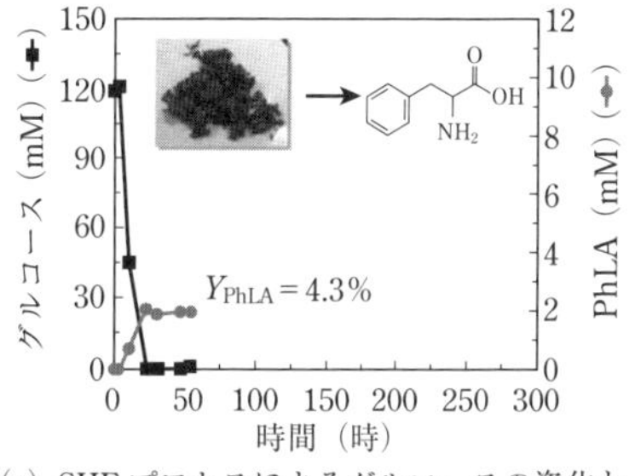

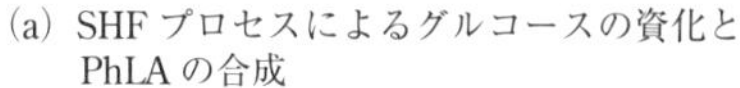
(a) SHF プロセスによるグルコースの資化と PhLA の合成

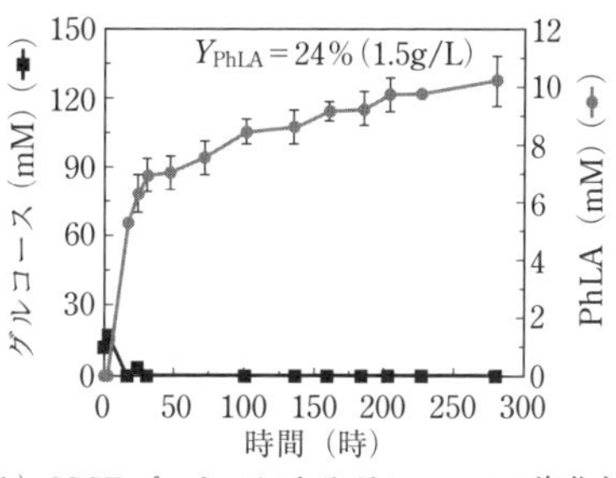

(b) SSCF プロセスによるグルコースの資化と PhLA の合成

図 6.5　SHF と SSCF によるソルガムバガスからのフェニル乳酸（PhLA）発酵
Y_{PhLA} はフェニル乳酸の生産効率を表わす。参考文献 2 のデータより改変。

コースから大腸菌によって PhLA が発酵生産される SHF プロセスを行ない，反応液中に含まれるグルコースと PhLA の量を経時的に測定することで，このプロセスの効率を評価した（図 6.5a）[2,3]。その結果，この発酵プロセス法では，経時的な糖（グルコース）の量は著しく減少しており，グルコース自体は資化されているものの，PhLA の生産性は伸びていないことが明らかとなった。これは，バイオマスの酵素糖化によって，バイオマス中に含まれていたさまざまな化学物質が溶液中に流出し，それが発酵阻害を引き起こしたことが原因であることがわかった。

一方，バイオマスの酵素糖化と大腸菌による PhLA の発酵生産を同一のタンク内で同時に行なう SSF プロセスでは，SHF プロセスよりも阻害剤濃度が低く維持できていることがわかり，そのため効率よく PhLA を生産することができた（図 6.5b）[2,3]。これらの結果は，バイオマスの糖化過程とその後の発酵過程のプロセスを調節することで，バイオマス由来の発酵阻害剤を抑えつつ目的物質を高生産することが可能なことを示している。しかしながら，どのようにバイオマス由来の阻害剤を抑えて目的物質を高生産するかは，選定するバイオマス，発酵プロセスの工程，そして発酵生産させたい目的物質に大きく依存して変化することが予想され，ケースバイケースの試行錯誤が現時点では重要であると考えている。

6.7 バイオコンビナートの重要性

では，これまで見てきたようなバイオマスを利用した製品化を，石油原料由来の製品を代替するまでの工業的規模で行なうためにはどうすればよいであろうか。そのためには，石油コンビナートにならったバイオコンビナートの設立が必要だと考えられる。

日本全国には，複数の石油コンビナートが存在している。石油コンビナートとは，石油原料（原油）から多様な化学製品（燃料，化成品原料，プラスチック原料など）を製造する過程で，複数の利便性を有する企業が同一の地域内で技術的に結びついた生産体系をいう（図6.6上）。このようなコンビナートをつくりあげることにより，パイプライン（配管）で工場間を結んで，いろいろな

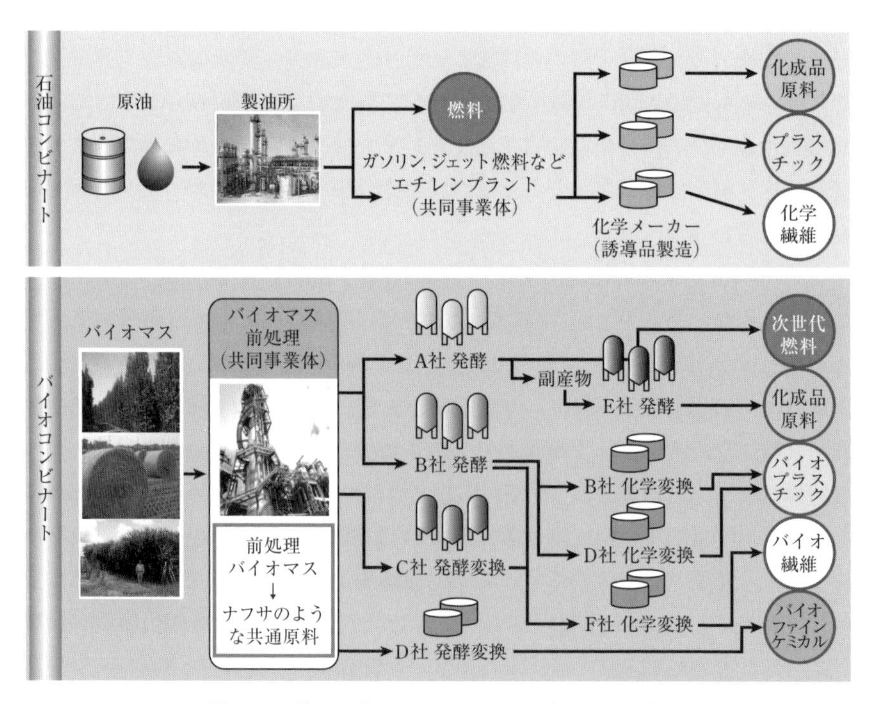

図6.6　石油コンビナートとバイオコンビナートの比較

原料や製品，さらには電気や熱源などのユーテリティをやりとりするなどして，複数の企業が有機的に連携することで生産を効率化し，原材料の確保の面でむだを省くことによってコストを切り下げ，副産物や廃棄物を多面的に活用することができる。

これにならって，バイオマス資源を化石資源と見立て，複数の専門技術を有する企業が自社の強みを持ち寄って，バイオマス資源から多様な化学品を生産する組織体系をバイオコンビナートと総称する（図 6.6 下）。具体的には，バイオマス資源を収穫したあとに，バイオマスの構造を破壊して利活用しやすくするための「バイオマス前処理」を共同事業体として行なう。その後に，原料の成分や各企業の強みに応じて原料となるバイオマス資源を各企業に供給し，微生物発酵や化学変換によって，バイオ由来の燃料，化学品原料，バイオプラスチック原料などへと変換する。石油コンビナートと大きく異なるところは，石油コンビナートでは製造できなかったバイオマス特有の有効成分である機能性化学品（バイオファインケミカル）をもバイオマスから並行して生産することができる点である。

一方，バイオコンビナートを考えるうえで，バイオコンビナートの立地とその原料確保に関しては多様な議論がなされている。石油コンビナートの例を見てみると，化石資源の多くは中東アジア地域の油田などにおいて採掘され，大型タンカーによって日本へと海上輸送されてきて，日本各地の石油コンビナートにおいて多様な化学品へと変換される。一方，バイオコンビナート建設のための立地を日本国内に想定した場合，原料となるバイオマス資源を一括して大量に獲得できる場所はほとんどない。経済性を成立させてバイオコンビナートを立地させるには，海外からのバイオマス資源に依存する可能性が高い状況である。そのため，実際にバイオコンビナートを成立させるためには，バイオマス資源が豊富な地域と連携することがかなり重要である（**図 6.7**）。

一例だが，先にも述べたとおり製紙会社のなかには，オーストラリアなどの植林地においてユーカリなどの早生広葉樹を植林し，その木質チップを日本に輸入して製紙業に使用している実例がある。これにならって，オーストラリアなどの植林地より木質チップを輸入して，日本に立地するバイオコンビナートでバイオマス資源として活用する戦略が考えられている。一方で，東南アジア

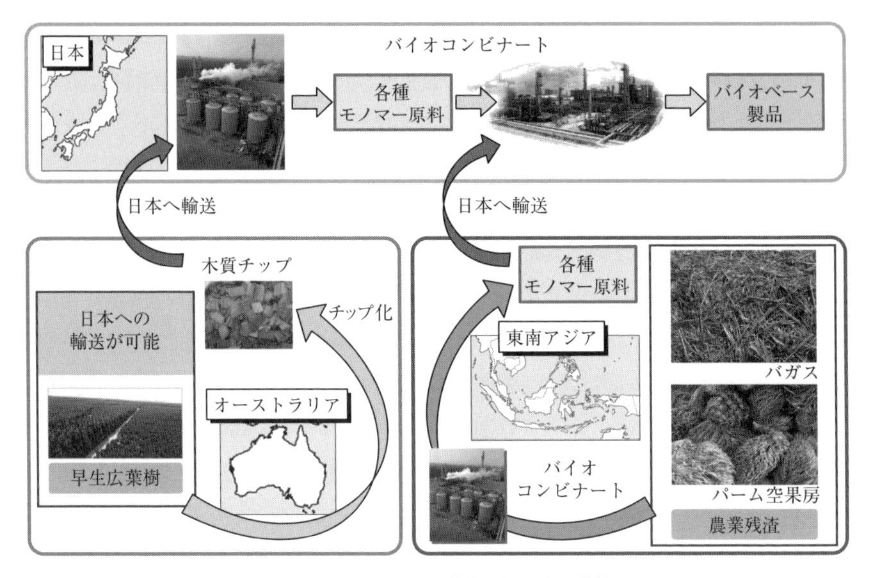

図 6.7　バイオマスの豊富な国々との連携
日本とアジア地域におけるバイオコンビナート運用の実現可能性を検証する必要がある。

や南米などの国々においては，大規模なプランテーションによって多様なバイオマス資源が生産されている。とくに東南アジア地域では，先述のとおり，サトウキビ，パーム油，そしてゴムなどのバイオマス産業が積極的に進められており，サトウキビの搾りかす（バガス），パーム油の EFB，伐採するゴムの木など多様な廃棄性のバイオマス資源が豊富に存在している。しかしながら問題は，これらのバイオマス資源はとてもかさ高く，木質チップと比べると輸送効率が悪いことである。プランテーションの周辺に併設するような形態でのバイオコンビナートの建設が可能になれば，これらの資源を有効に利用し，かつ原料輸送コストを削減することができると考えられる。

6.8　植物バイオマス利用に向けたバイオコンビナートのシナリオ

先に述べたように，バイオコンビナートを設立する場所として，まず東南アジア地域，そしてそれらの国との連携体制が確立すれば，日本が有力な候補地になると考える。東南アジアはプランテーション産業の盛んな地域であり，プランテーション産業との密接な連携によってバイオマス資源を経済的に入手できるのが大きな強みである。一方，日本の場合はすでにオーストラリアなどの植林産業と密接な連携が成熟していて，安定した経済性によって製紙業を進めている製紙会社が複数存在しているため，バイオコンビナートを設立する立地としてかなり有力な候補である。以下に，われわれが考えているバイオコンビナート設立のためのシナリオを紹介したい。

6.8.1 日本における製紙業との連携によるバイオコンビナート構想（図6.8）

日本の製紙業界では，海外の植林地から木質チップを輸入して，アルカリ蒸解法によって効率よくクラフトパルプ（紙の原料）を製造する方法が確立されている。アルカリ蒸解法で使われる苛性ソーダは高いリサイクル率を可能にし

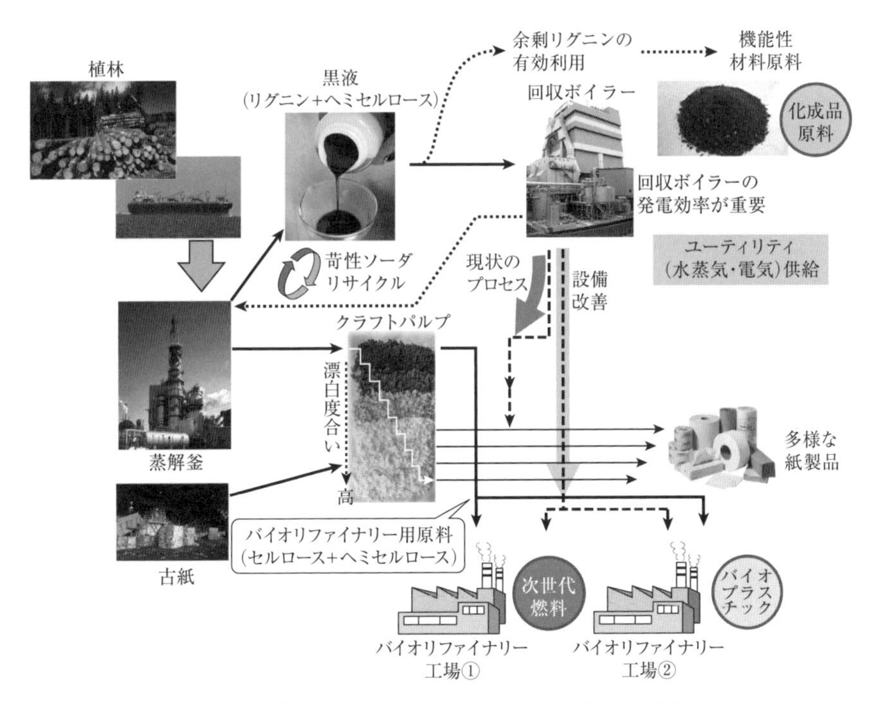

図6.8 製紙業界との連携におけるバイオコンビナート構想

ており，環境に対する負荷も少ない。また，この製造方法では，「黒液」というリグニンを主成分とした黒い液を副生成するが，この黒液を有効活用して発電し，製紙業に必要な電気や水蒸気を併産しており，廃棄物の出ないゼロエミッションのプロセスとなっている。ただ，回収ボイラーのさらなる効率化などで，より効率よくエネルギーを回収できる可能性も高い。また，紙製造にはクラフトパルプの漂白工程が必要であるが，バイオコンビナート用の原料としてはこの漂白工程は不必要であるため，クラフトパルプの製造方法をより低コストで利用することも可能と考える。これらの項目を統合すれば，製紙業と連携したバイオコンビナートの設立が実現できると考える。

6.8.2　東南アジアにおけるプランテーションとの連携によるバイオコンビナート構想（図6.9）

東南アジア地域で活発に進められているプランテーションでは，多くの農業

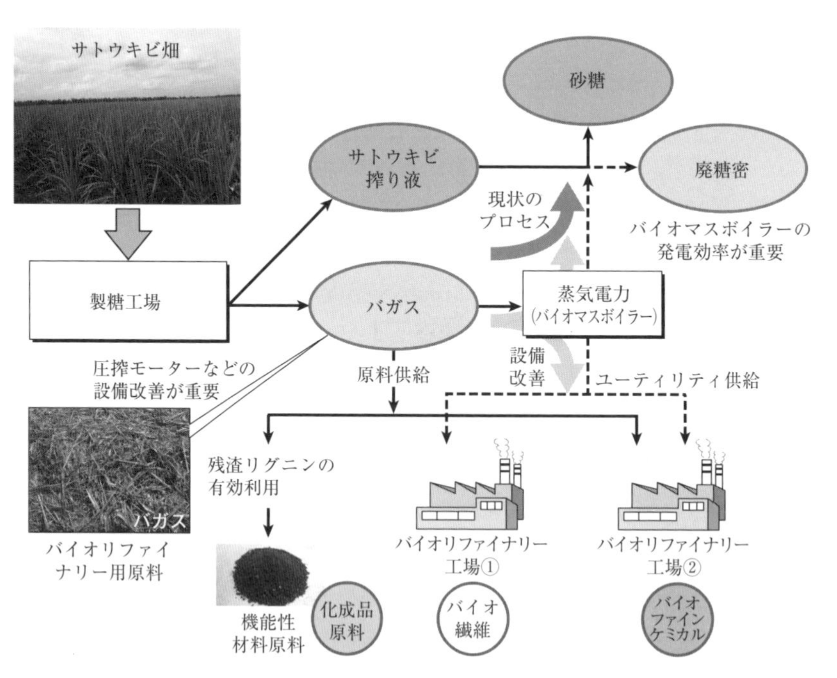

図6.9　プランテーションとの連携によるバイオコンビナート構想

残渣が発生している。サトウキビの場合では，先述のとおりバガスとよばれるセルロースを主成分とする残渣が発生するが，これは砂糖の精製に必要とされている水蒸気や電気をつくるためにバイオマスボイラーにおいて燃焼償却されている。しかしその発電効率は，製糖工場の設立された時期に大きく依存しており，東南アジア地域のバイオマスボイラーの発電効率は今後，大きく改善できる可能性が高いようである。したがって，バイオマスボイラーを効率化すれば，これまでよりも少量のバガスで現在の発電量を賄うことができ，余ったバガスをバイオマス資源として有効活用することが可能となる。東南アジア地域での新しい産業の提唱は，新しい雇用創出など地元活性化への大きな波及効果も期待されている。したがって，プランテーションとバイオコンビナートの連携によって，これまでのプランテーション産業をより活性化し，さらに新しい産業を創出することができると期待されている。

6.9 現在の世界の状況とバイオコンビナートの設立に向けて

化石資源の枯渇問題と大気中の CO_2 濃度の上昇による地球温暖化問題を解決する方法として，バイオマス資源が注目を浴びているのは冒頭に述べたとおりである。実際に世界中では多くの企業において，化石資源をバイオマス資源に置き換えた産業をつくるための積極的な取組みがなされている（表 6.1 参照）。一例であるが北米では，DuPont や POET-DSM といった企業によって農業残渣からのバイオエタノール製造が商業的に開始されており，それによって新しい産業や雇用が生み出されている。この動きは今後，ヨーロッパやアジア地域へと拡大していくと考えられ，産業化の加速には今後の研究（技術）開発が重要な鍵となると思われる。

化石資源に大きく依存する現在の社会から，循環型の新しい社会へと移行するためには，空気中の CO_2 を光合成によってバイオマスへと固定化して，さらにそのバイオマス資源から効率よく燃料や化成品原料を生産し，循環利用する試みが重要である（図 6.10）。神戸大学では，この取組みを微生物の力を用いて効率的に実施可能とする基盤技術の開発を推進している。まだまだ開発すべき技術が多く，植物科学，農芸化学，そして化学工学などの多様な分野の研

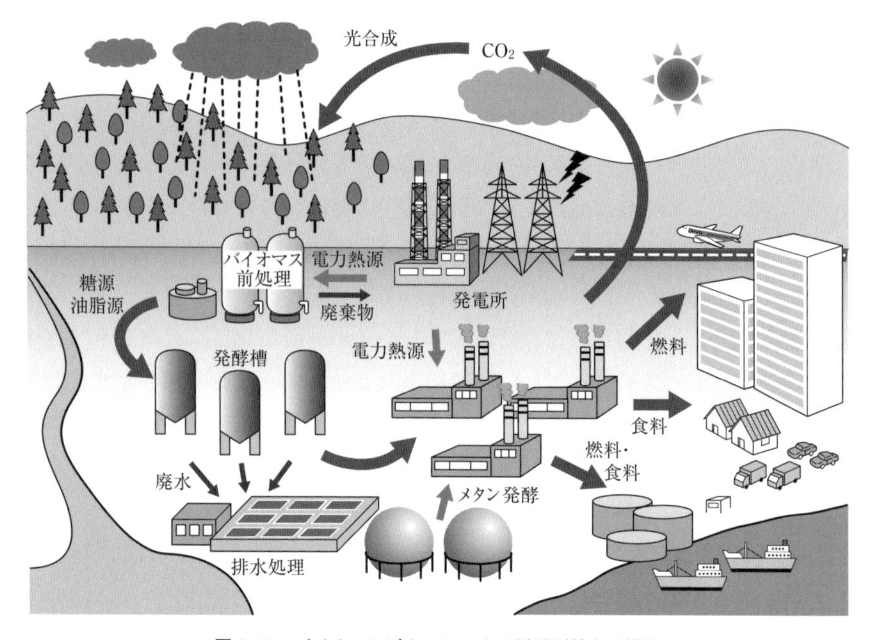

図 6.10　バイオコンビナートによる循環型社会の構築

究者の参画が必要である。多様な研究者の知の集積によって，バイオリファイナリーを近い将来構築し，日本のみならずバイオマスを多く保有する東南アジアの国々においても連携して活動を展開させていきたいと考えている。

参考文献

1) Hasunuma, T., *et al.* (2013) A review of enzymes and microbes for lignocellulosic biorefinery and the possibility of their application to consolidated bioprocessing technology. *Bioresour. Technol.*, **135**, 513–522

2) Kawaguchi, H., *et al.* (2014) Simultaneous saccharification and fermentation of kraft pulp by recombinant *Escherichia coli* for phenyllactic acid production. *Biochem. Eng. J.*, **88**, 188–194

3) Kawaguchi, H., *et al.* (2015) Phenyllactic acid production by simultaneous saccharification and fermentation of pretreated sorghum bagasse. *Bioresour. Technol.*, **182**, 169–178

第7章
微生物を用いたバイオマスの利活用技術

昔から，目に見えない微生物の力が醸造・発酵食品の製造や医薬の開発に役立ってきた。バイオ燃料として利用されるバイオエタノールの開発も微生物なしではありえなかった。100万種以上ともいわれる微生物の多様な能力を生かすことによって，燃料だけでなく，化成品となる材料を植物バイオマスの発酵産物として得ることができれば，温室ガス削減と，石油の消費に依存しないカーボンニュートラルな社会の構築に貢献できると期待される。そのひとつとして，微生物の代謝を改変してバイオマスプラスチックをつくるための研究が進められている。汎用プラスチックの代替から始まったバイオマスプラスチック開発は，近年ではより高機能性のバイオエンジニアリングプラスチックの開発へと広がりを見せている。本章では，これらの開発とそれを用いた材料開発についても紹介する。

7.1　微生物に何ができるのか？

微生物は目に見えないほど小さな生物の総称であり，人にとって有害ないわゆる「ばい菌」だけでなく，バイオテクノロジーのさまざまな分野で活躍する有益なものが多く含まれている。われわれ人類は，微生物がまだ発見されていなかった古代から，経験をもとにして食物に微生物を生やし，酒をはじめとする醸造食品を製造してきた。近代では，アオカビが生産する世界初の抗生物質であるペニシリンに引き続き各種の医薬探索と利用が進んでおり，食品加工，洗剤，家畜飼料の改質などに使われる酵素，化成品の生産などに，微生物が利用されている。清酒や醤油の醸造に使われる麹も微生物であり，日本の文化に不可欠なものである。このように幅広い微生物を利用した産業の市場規模は6兆円ともいわれている[1]。

これらの微生物を活用した技術は，酒の醸造など経験的に獲得されてきた技術を除けば，その目的に適した微生物を自然界から探しだし，その性能を向上させた研究開発の成果の積み重ねといえる。植物バイオマスの利用という観点から考えると，近年の最も大きな成果のひとつはバイオエタノールの生産であろう。バイオエタノールは，でんぷんやセルロースなどの植物バイオマス由来の多糖を原料として生産される石油代替燃料である。これらの多糖は，まずアミラーゼやセルラーゼによってブドウ糖へと変換されるが，ここで用いられるアミラーゼやセルラーゼは微生物が細胞外に分泌生産する酵素である。できあがったブドウ糖はアルコール酵母 *Saccharomyces cerevisiae* によってエタノールへと変換され（アルコール発酵），蒸留・濃縮されたのちに燃料として利用される。微生物利用の併せ業ともいえるこの技術はすでに実用化されている。

植物バイオマスはまた，材料としても利用される。上述の抗生物質や酵素は，微生物の餌となる有機物，すなわち植物バイオマスに由来するが，一般に植物バイオマスの利用というときは，大量に生産・消費される材料をさすことが多い。この意味では，たとえばグルタミン酸（うまみ調味料）やリジン（飼料添加物）をはじめとするアミノ酸やクエン酸（酸味料など）は，糖を原料として微生物によって，多いもので年間100万トン程度の規模で生産されていることから[2]，微生物を活用した植物バイオマスの有効利用技術と位置づけてよいかもしれない。

7.2　微生物を使う利点

植物バイオマスを活用するにあたって，われわれがあらかじめ望む化合物に変換できるかどうかは重要である。化学プロセスによりこれを行なう場合と比較して，微生物による反応を用いる利点は以下のように整理されよう。

⑴**植物バイオマスの利用**：でんぷんやセルロースなど，植物バイオマスを変換してできる糖を化学プロセスで有用化合物に変換するのは，多くの場合，困難である。一方，微生物には糖を唯一の炭素源およびエネルギー源として利用し

生育するものが多く，これはすなわち糖を原料としてさまざまな化合物に変換できることを意味する。反応条件の制御とともに，微生物変異株の単離や遺伝子組換え技術を利用して目的の化合物の代謝系路を強化することにより，微生物を使って有用化合物の変換に必要な反応だけを効率的に行なわせることができる。

⑵**生物反応の特異性**：一般に化学反応は，構造式を一にする光学異性体を合成し分けることや，複雑な構造をもつ多官能基性化合物の合成を苦手とする。一方，酵素反応によって進行する生物反応は，しばしば化学プロセスでは不可能な光学特異性を有し，その特異性も高い。したがって，微生物を利用することによって，このような複雑な化合物の合成が可能となる。これは，化合物の生産コストを下げるだけでなく，利用可能な化合物の分子設計の幅を広げることにもつながる。

⑶**微生物の多様性**：地球上には数百万種以上の微生物が棲息すると推定されているが，これまでに単離された微生物はごくわずかである。また，すでに単離されている微生物でも，そのゲノム中に機能が未知な遺伝子が数多く存在しており，微生物が未知の反応を行なうポテンシャルをもつことを意味している。応用微生物学研究者の多くは，多種多様な微生物のなかには目的にかなった微生物が必ずいるはずであり，探し出すためのスクリーニング方法さえ工夫すれば，それを見つけることができると考えている。

⑷**微生物発酵のインフラの活用**：タンクで大量培養すれば生産性を増やせることは，微生物生産の大きな利点である。とくに，わが国では醸造やアミノ酸発酵の高い技術がすでに存在し，大規模な発酵生産のためのノウハウやインフラが蓄積されている。糖を原料とした大量微生物生産によって，アミノ酸などが安いものではkgあたり数百円程度で取り引きされている。これらを活用した新たな植物バイオマス由来の化成品の大量生産が行なわれようとしている。

7.3　微生物の力を使ってできる化成品

植物バイオマスを利用した化成品のなかでも，バイオマス由来のプラスチックが注目されており，これらは「バイオベースプラスチック」あるいは「バイオマスプラスチック」などとよばれている。現在，身のまわりにあるほとんどのプラスチック類は石油由来のモノマー分子を重合させてできる高分子化合物であり，その生産量は年間1000万トンと莫大である[3)]。このモノマー分子をバイオマス由来材料に置き換えることができれば，カーボンニュートラルやCO_2削減への寄与は大きいと期待される。すでに実用化されているバイオマスプラスチックの例としては，ポリ乳酸（poly LA）やポリトリメチレンテレフタレート（PTT）などがあげられるが，これらの原料となるモノマー分子の生産にあたっても，微生物による植物バイオマスの変換が鍵となっている。なお，バイオマスプラスチックの原料の糖としては，でんぷん由来のものが用いられているのが現状である。

乳酸菌は，ヨーグルトや漬物などの発酵食品をつくる際に重要な微生物群であり，われわれの腸内に常在する腸内細菌としても知られる。乳酸菌は，ブドウ糖を高効率で乳酸に変換する能力をもつが，この力を利用してバイオマス由来のブドウ糖を乳酸に変換し，これを化学的に重合させてできるバイオマスプラスチックがpoly LAである（**図7.1**）。poly LAは使い捨て容器などに用いら

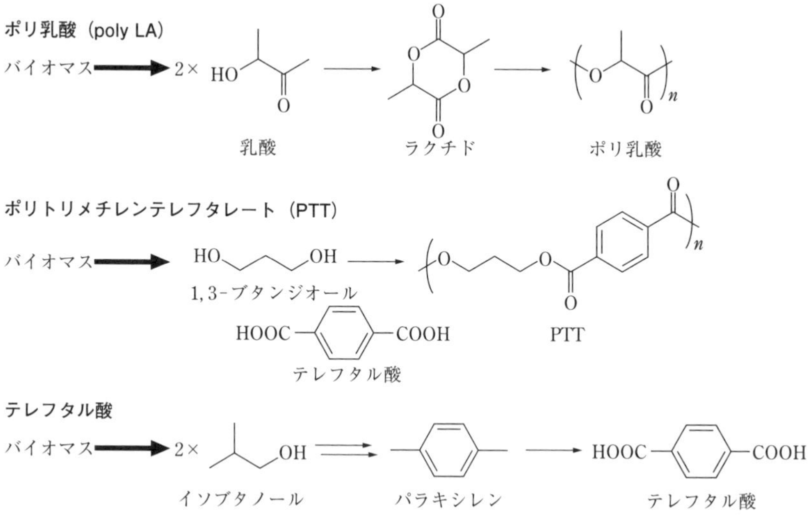

ポリ乳酸（poly LA）
バイオマス → 2× 乳酸 → ラクチド → ポリ乳酸

ポリトリメチレンテレフタレート（PTT）
バイオマス → 1,3-ブタンジオール，テレフタル酸 → PTT

テレフタル酸
バイオマス → 2× イソブタノール → パラキシレン → テレフタル酸

図7.1　バイオマスプラスチックの生産
バイオマス由来のテレフタル酸をエチレングリコールと重合させたバイオポリエチレンテレフタレート（PET）が開発されている。太い矢印部分が微生物による反応を示す。

れるほか，耐熱性と耐久性の改良によって用途が拡大している。乳酸菌の代わりに，古くから乳酸の生産能力が高いことで知られる *Rhizopus* 属の糸状菌（カビの仲間）を用いて乳酸を生産することも検討されている。

組換え大腸菌を用いた発酵法によって，PTT の原料となる 1, 3-プロパンジオールを生産する技術が構築されている（図 7.1）。PTT は，1, 3-プロパンジオールとテレフタル酸の共重合によってつくられる高性能ポリエステルである。これらのモノマーは，かつては石油由来であったが，この発酵法の開発によって部分的にバイオマス原料を用いたバイオマスプラスチックが開発され，自動車の内装用などに利用されている。なお，石油由来の生分解性プラスチックとして有名なポリブチレンサクシネートも 2 種のモノマーの共重合によって合成されるが，この一方の原料のコハク酸をバイオマス由来化合物に置き換える研究も進んでいる。

最近では，発酵生産させたイソブタノールを二量化・脱水してパラキシレンへと変換し，さらにテレフタル酸へと変換するプロセスが構築され，これを用いたバイオポリエチレンテレフタレート（PET）が開発された。また，バイオマス由来原料からのポリエチレン合成（バイオエタノールを原料として化学合成されるエチレンを重合させ，ポリエチレンを合成する）の実用化も始まり，バイオマスプラスチックの市場は拡大してきている（図 7.1）。

7.4　微生物がプラスチックをつくる！

前項では，植物バイオマスからプラスチックの原料モノマーを合成しバイオマスプラスチックへと化学重合させる例を紹介したが，微生物は重合したプラスチックをつくることもできる。*Ralstonia* 属などの細菌のなかには，ポリヒドロキシアルカン酸を細胞内に蓄積するものがいる。もっともよく見られるのはポリ（3-ヒドロキシブタン酸）であり，糖や植物油を原料として分子量 100 万を超える重合体が合成される（**図 7.2**）。ポリ（3-ヒドロキシブタン酸）と他のヒドロキシアルカン酸の共重合体の生産も可能となっている。これらは，可塑性，生態適合性に優れた生分解性プラスチックとしての用途の開発が期待されている。

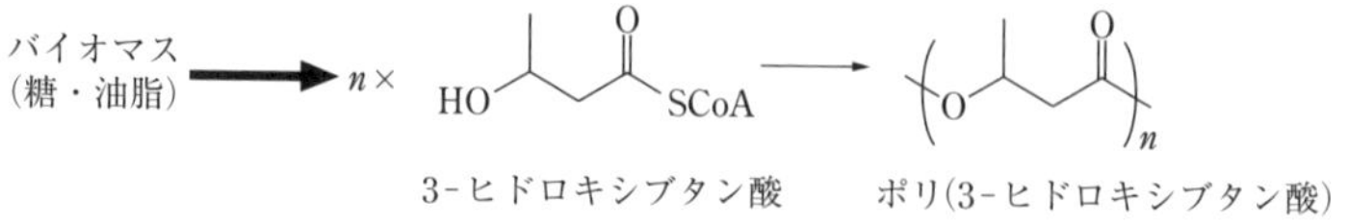

バイオマス（糖・油脂） → n× 3-ヒドロキシブタン酸 → ポリ(3-ヒドロキシブタン酸)

図 7.2　微生物によるポリ（3-ヒドロキシブタン酸）の生産

微生物細胞内では，3-ヒドロキシブタン酸はコエンザイム A（CoA）とのチオエステルとして合成され重合される。

7.5　植物バイオマスから芳香族材料への挑戦

私たちの身のまわりにはさまざまな芳香族化合物がある。石油由来の芳香族化合物は，ベンゼン，トルエン，キシレンをはじめとする各種の化学品，化学品の原料，溶媒などさまざまな用途で利用されている。プラスチック原料としては，ポリスチレン，PET，フェノール樹脂，アラミド樹脂などの脂肪族系のプラスチックよりも，耐熱性や耐久性に優れた高機能性プラスチックとして利用されている。一方，生物も芳香族化合物をつくることが可能であり，それらは医薬品やその原料になるほか，微生物発酵によって生産されるフェニルアラニン，チロシン，トリプトファンといった芳香族アミノ酸，フェニルアラニンを用いて合成される合成甘味料のアスパルテームなどが知られる。植物の細胞壁の主成分のひとつであるリグニンも芳香族化合物である。

前節までで述べたように，現在の技術でバイオマスプラスチックが代替できるプラスチックの多くが脂肪族系のプラスチックであり，芳香族系のプラスチックのバイオマス代替は遅れている。近い将来，脱石油化が進めば，芳香族の供給源は植物バイオマスとならざるをえない。現在，化成品を代替するレベルで大量に供給可能な芳香族化合物はリグニンのみである。リグニンは構造が複雑な高分子化合物であり，化成品の合成に適した均一なモノマー分子を取り出すには，今後の大きな技術革新が待たれる。また，仮に適当なモノマー分子が取り出せたとしても，リグニンとはかけ離れた構造からなる思いどおりの芳香族原料を得ることは困難であろう。このため，微生物を活用した芳香族化合物の積極的なデザインは不可欠な技術になると予想される。

こうした背景から，これまでに植物バイオマスを原料として微生物を用いて芳香族化合物を生産する技術が開発されている。ミシガン州立大学のFrost博士は，シキミ酸経路（次節参照）を増強させた組換え大腸菌を用いることによって，ブドウ糖を原料として汎用化成品であるカテコールなどを生産する技術を開発している[4]。この際，細胞毒性の低い合成中間体であるデヒドロキナ酸やデヒドロシキミ酸を微生物生産し，その後，化学反応を組み合わせることにより，効率的なカテコールの生産を達成している（**図7.3**）。また，わが国でも，ブドウ糖をカテコールやヒドロキノンへと高効率に変換する技術が構築された[5]。この手法は，細菌由来のアミノグリコシド系抗生物質の生合成にかかわるデオキシ-*scyllo*-イノソース合成酵素の利用が鍵となる。この酵素は，細胞内でブドウ糖から変換されてできるグルコース6-リン酸をデオキシ-*scyllo*-イノソースへと変換する。デオキシ-*scyllo*-イノソースは化学的な脱水・還元反応によってカテコールやキノンに変換できる（図7.3）。ただし，上述の芳香族化合物はいずれも，化成品の現状価格が安価であるために，植物バイオマス由来の化合物合成を事業化するためには生産コストの軽減が障壁になるであろう。

なお，前述のバイオマス由来テレフタル酸でも，芳香族ではないイソブタノールを得たあとで化学反応させることにより芳香族を合成していることから，厳密には「バイオ由来芳香族」とはいえない。では，微生物を用いることによって，芳香族系プラスチックの原料となる芳香族化合物を，バイオマスから直接，

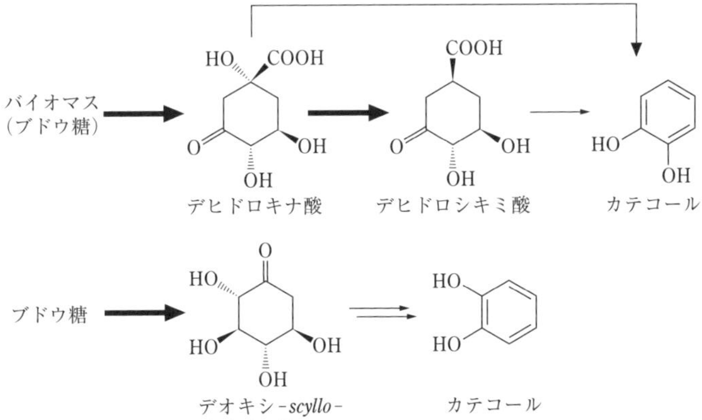

図7.3　微生物を用いたバイオマス由来カテコールの生産
太い矢印部分が微生物による反応である。

発酵生産することはできないだろうか。この研究開発は始まったばかりである。最近のいくつかの例を次節以降で紹介する。

7.6　芳香族化合物の生合成

生物による芳香族化合物の生合成経路は，①コリスミ酸とシキミ酸を経由するシキミ酸経路，②ポリケチド合成酵素による経路，③その他の経路，に大別される。ポリケチド合成酵素を介して生合成される化合物としては，一部の放線菌が生産するオキシテトラサイクリンなどのテトラサイクリン系抗生物質や，植物や菌類が生産するエモジンなどのアントラキノン系化合物などがあげられる。これらには抗菌活性や抗がん活性など有用な生理活性を示すものも多く，近年，こういった有用化合物を微生物により生産させる試みがなされている[6)]。しかしながら，ポリケチド合成酵素の反応性の低さ，多段階の触媒反応を伴うなどの理由から，その生産能力は高いとはいえない。現段階では，これらの生産は，植物バイオマスの利用というよりは，むしろ生物反応を利用することで，化学合成が困難な高付加価値な医薬などを効率的に生産するという点に主眼が置かれているといえよう。

一方，シキミ酸経路を介して生合成される芳香族化合物には，フェニルアラニン，チロシンといった芳香族アミノ酸をはじめ，リグニンなどのフェニルプロパノイドが含まれる。リグニンとその関連物質が自然界に豊富に存在することから予想できるように，微生物生産に用いた場合，シキミ酸経路における芳香族化合物の合成能力はポリケチド生合成系のそれに比べて高いことが多い。そのため，シキミ酸経路を利用した微生物生産に取り組むことにより，効率的な物質生産が可能になると期待される。しかしながら，既存の代謝経路をそのまま利用するのでは，限られた構造の芳香族化合物しか生産できない。このために，適当な酵素遺伝子を組み合わせて目的の化合物の代謝系を創出する合成生物学的手法が，バイオマス由来の芳香族生産のために重要となってくる。以下にその具体例をあげる。

7.7 シキミ酸経路の改変による芳香族生産

植物バイオマスを原料とした芳香族化合物の生産を理解するために，まずシキミ酸経路について少し詳しく述べたい。上述したように，シキミ酸経路は芳香族アミノ酸やフェニルプロパノイド合成の起点となる経路であり，微生物や植物の大半がこの経路を有している（**図 7.4**）。本経路の初発酵素は 3-デオキシ-7-ホスホヘプツロン酸（DAHP）合成酵素であり，解糖系において生じるホスホエノールピルビン酸と，ペントースリン酸経路で生じるエリトロース 4-リン酸の縮合反応を触媒する。生じた DAHP はその後，複数の反応を経てコリスミ酸へと変換される。DAHP とコリスミ酸の生産は，転写因子 TyrR を介してフェニルアラニンおよびチロシンにより転写レベルでフィードバック抑制を受ける。コリスミ酸はコリスミ酸ムターゼによりプレフェン酸へと変換されたのち，プレフェン酸デヒドロゲナーゼによりフェニルピルビン酸が，プレフェン酸デヒドラターゼによりヒドロキシフェニルピルビン酸が，それぞれ生成する。その後，これらの化合物はアミノ基転移酵素により，それぞれフェニルアラニンおよびチロシンへと変換される。この DAHP 合成からコリスミ

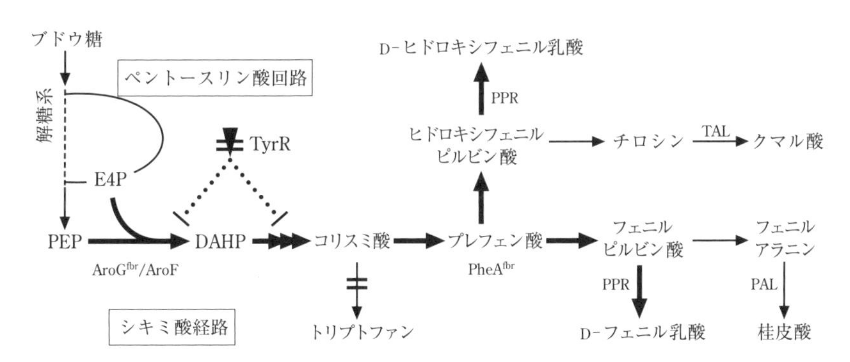

図 7.4 シキミ酸経路を介した芳香族化合物の生産

転写抑制因子 TyrR の遺伝子破壊，フィードバック阻害耐性の 3-デオキシ-7-ホスホヘプツロン酸（DAHP）合成酵素（$AroG^{fbr}$），コリスミ酸ムターゼ／デヒドロゲナーゼ（$PheA^{fbr}$）の発現などによりフェニルアラニン高生産性の大腸菌が創出される。〔化合物〕E4P：エリトロース 4-リン酸，PEP：ホスホエノールピルビン酸。〔酵素〕PAL：フェニルアラニンアンモニアリアーゼ，PPR：フェニルピルビン酸還元酵素，TAL：チロシンアンモニアリアーゼ。

酸（あるいはその次の代謝産物であるプレフェン酸）までの代謝経路が「シキミ酸経路」とよばれる。なお，フェニルアラニンとチロシンがそれらのアンモニアリアーゼにより脱アミノ化されることで，フェニルプロパノイド合成が始まる。

これまでに，シキミ酸経路の代謝を改変させた大腸菌やコリネ細菌を用いてフェニルアラニンやチロシンの高効率かつ大量な発酵生産が可能となっている(図7.4)。これらの技術はアミノ酸発酵技術として発展してきたものではあるが，バイオマスプラスチック原料となる芳香族化合物を微生物生産させる際にも，これと同様なシキミ酸経路の代謝改変は有効である。また，アミノ酸発酵の高生産性は，大量生産が望まれるバイオマスプラスチック原料の生産に適している。

この技術を活用し，D-フェニル乳酸（D-PhLA）が発酵生産された。ある種の酵母が生産するフェニルピルビン酸還元酵素は，フェニルアラニンの前駆体であるフェニルピルビン酸をD-PhLAに変換する（図7.4)。筑波大学の藤田らは，フェニルアラニン高生産性の大腸菌内でフェニルピルビン酸還元酵素を高発現させることによって，ブドウ糖を原料として30 g/LのD-PhLAを生産した。また，D-PhLAを重合させ，ポリ（D-PhLA）を合成することにも成功している（図7.4)[7]。さらに最近，北陸先端科学技術大学院大学のNguyenらは，同酵素をチロシン高生産性のコリネ細菌に導入し高発現させることで，ブドウ糖を原料として11 g/Lの4-ヒドロキシフェニル乳酸を生産し，これを重合させることで各種の4-ヒドロキシフェニル乳酸ポリマーを合成することにも成功している（図7.4)[8]。その後のさらなる研究により，植物バイオマスからD-PhLAを生産することが可能となったが，その詳細に関しては第6章を参照されたい。

7.8　芳香族アミンの生産と利用

芳香族アミンは，芳香環の水素原子がアミノ基に置き換わったアニリン骨格を有し，色素，医薬品あるいはポリマーの原料などとして広く用いられているなど，産業上重要な化合物である。また現在も，芳香族アミンを原料としたさまざまな色素，ポリマーなどの新材料が開発されつづけており，その重要性が増している。芳香族アミンを原料としたポリマーのひとつに，芳香族ジアミンと芳香族ジカルボン酸の重合により生産される芳香族ポリアミドがある。一般的に，これら芳香族ポリアミドは優れた物質特性を示すことが知られている。たとえば，*p*-フェニレンジアミンとテレフタル酸クロリドの共縮重合により合成される Kevlar® あるいは Twaron® は，優れた耐久性と耐熱性を有するスーパーエンジニアリングプラスチックとして利用されている。

現在利用されているすべての芳香族ポリアミドは石油由来であり，植物バイオマスから生産された例はない。これは，原料となりうる芳香族アミンを生合成する経路がほとんど知られておらず，その生産系が構築できていないことが大きな原因であると考えられる。また，ほとんどの芳香族アミンは細胞毒性が高いため，微生物生産を行なう際に自身の生産する芳香族アミンによって微生物の生育が阻害され，十分な生産量が得られないことも予想される。ここでは，芳香族アミンである 4-アミノフェニルアラニンと 4-アミノ桂皮酸の生産に関する筆者らの研究例を紹介する。

まず筆者らは材料分野の研究者とともに，微生物により生産可能であり，優れたポリマーへの変換が可能であると期待される芳香族アミンの分子設計を行なった。その結果，微生物生産のターゲットとして 4-アミノ桂皮酸が候補にあがった。4-アミノ桂皮酸を光重合により二量化させることで芳香族ジアミンが合成でき，これを材料にして優れた高機能性ポリマーをつくり出せると予想される。しかしながら，自然界において 4-アミノ桂皮酸を生産する生物の存在は知られていなかった。筆者らは，異なる代謝酵素を組み合わせることにより，4-アミノ桂皮酸の微生物生産を可能とした。その第一段階が 4-アミノフェニルアラニンの微生物生産である。

ある種の放線菌は，抗生物質として有名なクロラムフェニコールの中間体として 4-アミノフェニルアラニン（**図 7.5**）を産生する。4-アミノフェニルアラニンの生合成には，4-アミノ-4-デオキシコリスミ酸合成酵素（PapA），4-アミノ-4-デオキシコリスミ酸ムターゼ（PapB），4-アミノ-4-デオキシプレフェン酸デヒドラターゼ（PapC），という 3 つの酵素が関与しており，これら 3 つの酵素によりコリスミ酸が 4-アミノフェニルピルビン酸へと変換される（図

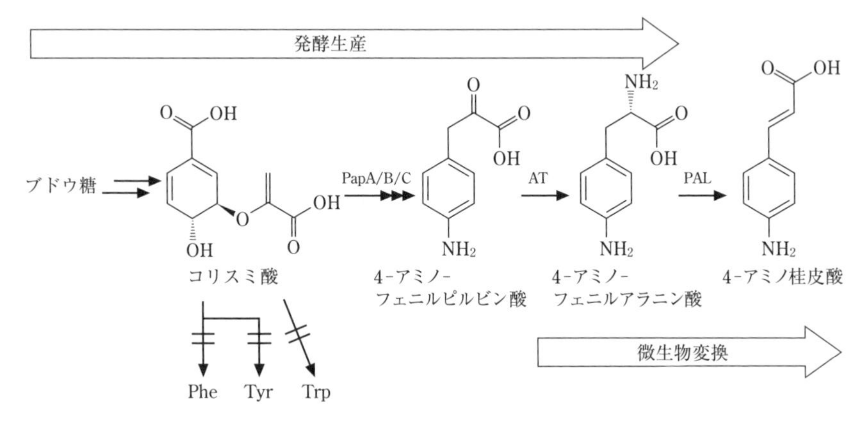

図 7.5　4-アミノフェニルアラニンおよび 4-アミノ桂皮酸の合成経路
シキミ酸経路を強化し，芳香族アミノ酸の合成経路を遮断した大腸菌で *papA/B/C* を高発現させることで，4-アミノフェニルアラニン高生産性の大腸菌を創出した。4-アミノ桂皮酸の生産にはフェニルアラニンアンモニアリアーゼ（PAL）を高発現させた大腸菌を用いた。Phe：フェニルアラニン，Trp：トリプトファン，Tyr：チロシン。

7.5)。この 4-アミノフェニルピルビン酸は，アミノ基転移酵素により 4-アミノフェニルアラニンへと変換される。なお，生産物の宿主に対する毒性の有無は生産効率に強い影響があるため，微生物生産を試みるうえで考慮すべき問題であるが，一般的に 4-アミノフェニルアラニンは他の芳香族アミン類に比べ毒性が低いことが知られている。これまでに *papA/B/C* 遺伝子を発現させた組換え大腸菌が 4-アミノフェニルアラニンを生産するという報告はあったものの，その生産量は数十 mg/L であり，バイオマスプラスチック原料として利用するには不十分であった[9]。そこで筆者らは，複数の放線菌から取得した *papA/B/C* 遺伝子あるいは別の微生物の *papA/B/C* 様遺伝子を，シキミ酸経路が強化された大腸菌において高発現させることで，ブドウ糖から 4-アミノフェニルアラニンを生産することに成功した。この際，さまざまな微生物から取り出した *papA/B/C* 遺伝子のなかでも最も生産性の高い遺伝子を選抜し，さらに遺伝子破壊などにより大腸菌の代謝経路を改変させることで，4 g/L の 4-アミノフェニルアラニンを生産することができた（**図 7.6**）。

4-アミノ桂皮酸は 4-アミノフェニルアラニンの脱アミノ化により得られるが，この変換反応は化学的には効率が悪いことから，生物反応による変換が望

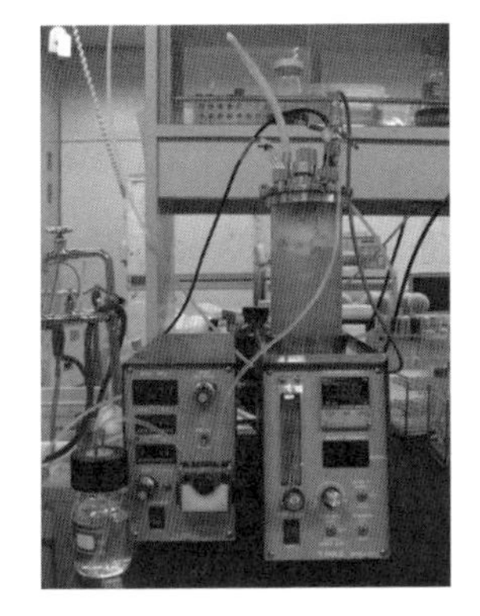

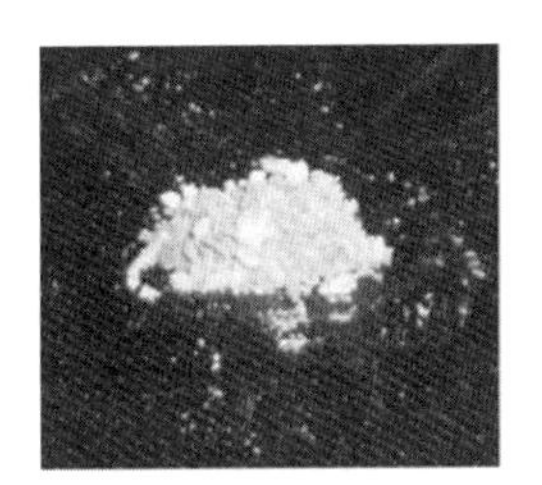

バイオ 4-アミノ桂皮酸

図 7.6　ジャーファーメンターを用いた組換え大腸菌の培養（左）**と，培養液から回収・精製したバイオマス由来 4-アミノ桂皮酸**（右）

ましいと考えられる。筆者らは，上述のフェニルアラニンアンモニアリアーゼあるいはチロシンアンモニアリアーゼを利用し，この反応を試みた（図 7.5）。これらの酵素はフェニルアラニンあるいはチロシンを基質とする酵素であり，微生物から植物に至るまで広く分布する。しかしながら，これまでに本酵素が 4-アミノフェニルアラニンを基質とするという報告はなかった。そこで，放線菌，酵母，カビおよび植物由来のさまざまな酵素を用いて反応を行ない，4-アミノフェニルアラニンから 4-アミノ桂皮酸が生成されるかどうかを調べたところ，赤色酵母のフェニルアラニンアンモニアリアーゼが比較的高い活性を示すことがわかった。この酵素を 4-アミノフェニルアラニン生産性の組換え大腸菌内で発現させ，ブドウ糖を直接 4-アミノ桂皮酸に変換することを試みたが，高生産には至らなかった。一方，発酵生産させた 4-アミノフェニルアラニンをいったん回収したのち，フェニルアラニンアンモニアリアーゼを高発現させた組換え大腸菌と反応させることにより，グラム単位の 4-アミノ桂皮酸を生産することに成功した（図 7.6）。さらに，4-アミノフェニルアラニンから合成した 4- アミノ桂皮酸をモノマー原料として，ポリイミド樹脂を合成することにも成功した[10)]。これは，世界初のバイオマス由来スーパーエンジニアリングプラスチックであり，耐熱性が高い透明なフィルムとしてフレキシブル透明電気基盤にも利用可能であると考えており，今後，多方面に活用できるものと期待している。

7.9　芳香族アミンをつくる新たな生合成反応

放線菌の二次代謝産物としての芳香族化合物の生合成に関しては，ポリケチド合成酵素を介した経路がよく知られているが，東京大学の大西らはある種の放線菌がこれとは別の仕組みで芳香族化合物を生合成するということを見いだしている（図 7.7）[11)]。放線菌 *Streptomyces griseus* は，グリキサゾンという二次代謝産物の生合成の過程で 3-アミノ-4-ヒドロキシ安息香酸を中間体として合成することが知られていた。この化合物は，複数の触媒反応を必要とするポリケチド合成酵素とは異なり，2-アミノ-4,5-ジヒドロキシ-6-オキソ-7-(ホスホノオキシ）ヘプタン酸合成酵素（GriI）と 3-アミノ-4-ヒドロキシ安息香酸合成酵素（GriH）という２つの酵素により，アミノ酸合成経路および解糖系の中間体であるアスパラギン酸セミアルデヒドとジヒドロキシアセトンリン酸を原料として合成される。この２つの化合物と２つの酵素からなる新規な芳香環の合成機構は，これまでに述べたシキミ酸やポリケチド由来のそれとはまったく異なるものであり，微生物代謝の多様性を改めて認識させられる発見であった。この 3-アミノ-4-ヒドロキシ安息香酸に関しては微生物生産が可能となっており，これを原料として高耐熱性と高力学特性をあわせもつポリベンズオキサゾールの合成もなされている。

7.10　新たな酵素の探索の重要性

さまざまな取り組みにより，バイオマスプラスチックの原料となりうる芳香

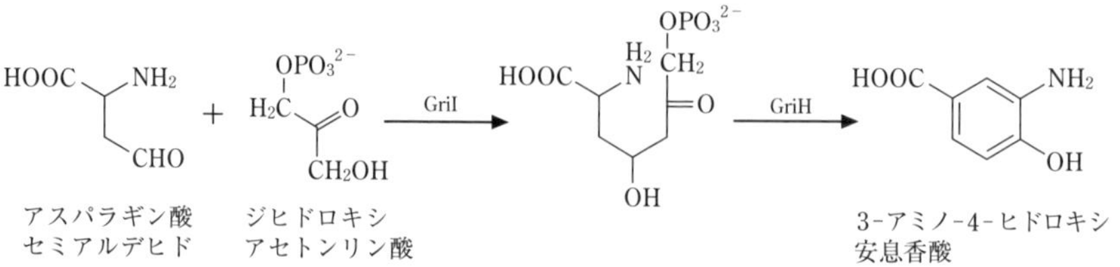

アスパラギン酸セミアルデヒド　ジヒドロキシアセトンリン酸　3-アミノ-4-ヒドロキシ安息香酸

図 7.7　放線菌による 3-アミノ-4-ヒドロキシ安息香酸の合成経路

族化合物を微生物生産させることが可能になりつつある。4-アミノ桂皮酸の例のように，異なる酵素を組み合わせる合成生物学的なアプローチは，天然物か非天然物かにかかわらず，デザイン次第でさまざまな化合物を創出できるという点で有効である。一方，このアプローチで合成できる化合物は，組み合わせる酵素のバラエティに制限されることから，既存の合成酵素や修飾酵素がつくり出せない化合物を合成することは容易ではない。このためには，目的の反応を行なう新たな酵素の探索が重要である。また，これまでに知られていない反応を行なう酵素を広く探索することは，組み合わせる酵素のバラエティを広げるうえでも重要であり，多様な種を含む微生物はその供給源として優れている。たとえば，4-アミノフェニルアラニンのようなアニリン骨格を有する有機酸はポリイミドやポリアミドなどの高性能プラスチックの原料や電気化学材料となるが，生物由来の化合物としての報告はきわめて少ない。このような化合物をつくる新種微生物を探索し，その代謝酵素を解明することで，より多くの種類の有用化合物の微生物生産が可能になると期待される。

7.11　応用への期待と今後の課題

植物バイオマスを微生物によって変換しバイオマス材料をつくるためには，その変換を行なう微生物の開発が重要であるが，それ以外にもいくつかの解決すべき課題がある。まず，植物バイオマスを，多くの生産微生物が利用可能な糖や有機酸へ変換する必要がある。セルロースの糖化技術はブドウ糖の生産のためにもっとも有効な技術である。これと微生物発酵を組み合わせた同時糖化発酵のプロセス開発が有効となる場合もあるだろう（第6章参照）。また，微生物生産の欠点として，石油由来プロセスと比較して高コストである点がしばしば指摘される。したがって，石油由来材料の代替材料をターゲットとする場合には発酵生産の効率化は必至である。このため，目的化合物への変換反応に適した酵素や発現システムの最適化，培養装置や条件の検討，反応のスケールアップなどが重要となる。また，発酵生産の効率化とあわせて，大量生産させた化合物を培養液から回収・精製するためのダウンストリームプロセスも重要である。化合物によっては，このプロセス構築が実用化のブレイクスルーとなる場合もある。

現在のところ，開発されるバイオマス由来材料のほとんどが石油由来材料の代替を視野に入れたものである。これは，既存の用途が確立されているのでバイオマス由来材料を市場に投入しやすいというメリットはあるが，すでにコスト面でも改良を積み重ねた石油由来材料と比較すると生産コストが高くなるというデメリットも考慮する必要があろう。微生物生産のターゲットとしては，生物の能力を活用して生産される化合物ならではの有用な性質を発揮する化合物を狙うのが得策かもしれない。このような材料を開発する際の分子設計にあたっては，これらのことを考え合わせながら，微生物研究者と材料研究者が知恵を出し合うことが鍵となると思われる。実用化を視野に入れる場合は，分子設計の段階から関連企業と用途についても議論することが重要であろう。

植物バイオマスの利活用に期待される効果は，石油代替とCO_2削減であろう。たとえば，植物バイオマス由来の材料によって年間数百万トンが生産されているポリエチレンを代替できれば，一定の石油節約とCO_2資源化の効果が得られる。しかし，この代替によるCO_2削減効果は，CO_2の排出量（年間13億トン）には遠く及ばない。CO_2排出削減の観点から考えると，単なる汎用化成品よりは高い削減効果が見込め，なおかつコスト面に配慮した比較的付加価値の高いバイオマス由来材料を開発することが望まれるのではないだろうか。

では，具体的に何をつくればよいのだろうか。それは，各分野のバイオマス研究者たちが日夜頭を使っているところである。

参考文献

1）バイオ産業創造基礎調査報告書（平成22年度版），日経BP2012版
2）中森茂（2008）アミノ酸発酵技術の系統化調査，かはく技術史大系，産業技術史資料情報センター，国立科学博物館
3）経済産業省生産動態統計年報化学工業統計編，2013年
4）Li, W., *et al.*（2005）Benzene-free synthesis of catechol: interfacing microbial and chemical catalysis. *J. Am. Chem. Soc.*, **127**, 2874-2882
5）高久洋暁他（2012）合成生物工学の隆起－有用物質の新たな生産法構築をめざして－　有用化学工業原料中間体2-deoxy-*scyllo*-inosose（DOI）の発酵高生産とその利用．シーエムシー出版，pp.169-179
6）Winter, J.M. and Tang, Y.（2012）Synthetic biological approaches to natural product biosynthesis. *Curr. Opin. Biotechnol.*, **23**, 736-743
7）Fujita, T., *et al.*（2013）Microbial monomers custom-synthesized to build true bio-derived

aromatic polymers. *Appl. Microbiol. Biothechnol.*, **97**, 8887-8894

8) Nguyen, H.D., *et al.* (2015) Fermentation of aromatic lactate monomer and its polymerization to produce highly thermoresistant bioplastics. *Macromol. Chem. Phys., in press*

9) Mehl, R.A., *et al.* (2003) Generation of a bacterium with a 21 amino acid genetic code. *J. Am. Chem. Soc.*, **125**, 935-939

10) Suvannasara, P., *et al.* (2014) Biobased polyimides from 4-aminocinnamic acid photodimer. *Macromolecules,* **47**, 1586-1593

11) Suzuki H., *et al.* (2006) Novel benzene ring biosynthesis from C_3 and C_4 primary metabolites by two enzymes. *J. Biol. Chem.*, **281**, 36944-36951

第8章 植物種と製法を異にするセルロースナノファイバーとナノ複合材料

植物繊維は，細胞壁を構成するセルロースを主成分としている。したがって，セルロースはカーボンニュートラルな環境調和素材としての特長を有するにとどまらず，力学的・熱的に合成高分子や金属，セラミックスを凌駕する物性を有している。本章では，セルロースのそれら特性についてまず言及し，次いでこれらの特長を生かしたセルロースの複合材料への利用展開に向けた最新研究を紹介する。複合材料は通常，充填繊維としての炭素繊維やガラス繊維と，繊維を取り巻くマトリックス樹脂といったように，異種素材を組み合わせてつくられる。本章では，充填繊維とマトリックスの両者がともに同じ素材から構成される同種異形複合材料のなかでも，とくに環境調和性に優れる *All*-セルロース複合材料を紹介する。植物繊維をダウンサイズしていくと，基本構造であり本来セルロースのあわせもつ高性能が材料として具現化されたナノファイバーに至る。本章の後半では，セルロースナノファイバーについての各種製造手法について解説するとともに，ナノファイバーにした場合の，製造方法に伴う構造や物性の相違，由来する植物種の影響について述べる。さらに，セルロースナノファイバーを充填繊維としたナノ複合材料の創製についても紹介する。

8.1 はじめに

生物の営々たる進化のなかで，動物は自らの骨格を支える素材として骨を選んだ。骨は関節のところで折り曲げることができ，移動にあたってはすこぶる便利であるが，体重が重くなると強度の限界がきて，自らを支えることができなくなる。そこで，クジラは浮力を利用すべく生活圏を海に求めた。一方，移動を必要としない植物は，構造を支える素材としてセルロースを選んだ。セルロースはすこぶる強いので，縄文杉に代表されるように数千年にわたって風雪や台風をしのぎ，数千トンという自らの体重を支えることができた。

人類は，大木から木材を切り出して法隆寺の五重塔や東大寺の大仏殿を建立し，綿や麻の繊維を紡いで，織ることで布をつくり，パピルスやパルプを漉くことで紙としてセルロースの利用展開を図ってきた。さらに近年では，綿や麻を栽培せずとも，より多量に入手できる木材から繊維を得る技術の発展が高分子化学を生んだ。そこで生まれた素材がセルロースを原料とする半合成高分子（レーヨンやセルロイド，アセテート）であり，さらに戦後，ポリエチレンやポリエステルをはじめとする石油由来の合成高分子が世間を席巻して今日に至っている。

ところが，ここにきて石油に依存した社会の限界が露になり，大気中の CO_2 の増加，廃棄物処理などさまざまな環境問題がクローズアップされるようになってきている。そこで改めて，天然高分子としてのセルロースに注目すると，今日の目でみてもきわめて魅力的な高分子であることに気づく。そんなセルロースに魅せられて神秘のベールのごく一部でも明らかにできればと切望するとともに，具体的な材料化をはかってきた研究の一端を紹介する。

8.2　セルロースの構造ヒエラルキー

まず，植物の細胞壁の構造について説明する。細胞壁の主成分であるセルロースは，化学的にはグルコース残基が（1 → 4）-β-グリコシド結合で連結された構造を有する天然高分子である。**図 8.1** に示すように，細胞壁は階層的な構造をしており，ルーメンとよばれる中空のまわりに天然高分子であるセルロースの分子鎖が集まってミクロフィブリルを形成している。ミクロフィブリル間の隙間は，ヘミセルロースやリグニンなどによって満たされている。つまり，植物の細胞壁は，セルロースやヘミセルロース，リグニンなどによって構成される，一種の複合材料であるといえる[1)]。この構造を鉄筋コンクリートに喩えると，セルロースが鉄筋の役割を果たし，ヘミセルロースが鉄筋を束ね，リグニンはコンクリートに相当する。セルロースの含有率は植物種によって異なり，

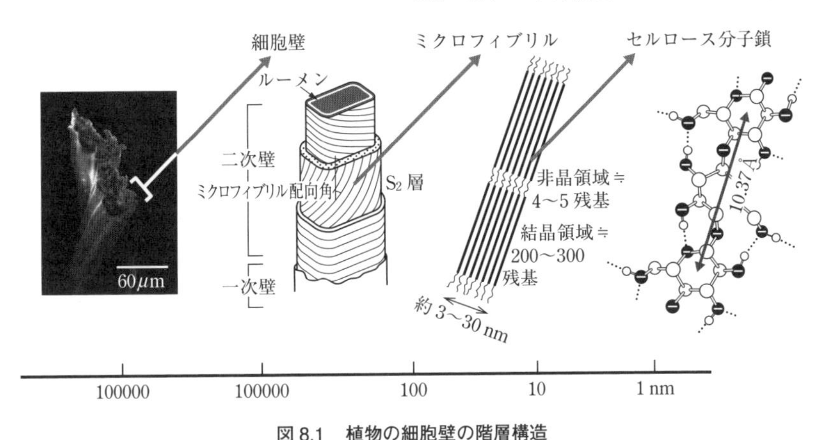

図 8.1　植物の細胞壁の階層構造

たとえば木材では 50％であるのに対して，綿では 90％を超える。

植物は組織の密度や構造を変化させることで多彩な力学特性をみごとに生み出している[2)]。細胞壁は層が積み重なった構造をしており，なかでも最も厚い S_2 層に注目すると，ミクロフィブリルが細胞の長手方向に対して角度をもって配列している。この角度をミクロフィブリル配向角といい，植物の硬さに大きな影響を与える。ミクロフィブリル配向角を小さくすると，細胞壁は長手方向に硬く強くなる。硬い木や柔らかい綿など植物の硬さのちがいは，このミクロフィブリルの配向角のちがいに依存している。また，同じ植物個体のなかでも，たとえば木の枝の付け根ではミクロフィブリルの配向角を部位によって変えることで，枝の太さに応じて長く伸びる枝を支える工夫がなされている。つまり，21 世紀になってナノテクノロジーが叫ばれるよりもはるか大昔から，植物は生まれながらにしてナノ次元の構造体であり，そのナノ構造を制御する戦略で自らの生長を達成している。

本章のテーマであるセルロースのナノファイバーとは，このミクロフィブリルが 1 本あるいは数本から十数本，集合したものに相当する。本来，「ミクロ (10^{-6})」は「ナノ (10^{-9})」よりも大きな単位を示すが，ナノを観察する術のない時代には小さいサイズをすべてミクロと呼び習わした経緯がある。そこでここでは慣例として，ミクロフィブリルの集合体をナノファイバーと定義している。なお，ファイバー（＝繊維）とは，「その幅が肉眼で直接測れないほど細く，すなわち数十マイクロメートル以下であり，長さは幅の数十倍以上大きいもの」と定義されている[3)]。さらに幅が細くなり，100 nm 以下になると，ナノファイバーと呼称される。

天然セルロース固体中には，配列の規則正しい結晶と，配列の乱れた非晶が存在し，長いセルロースの分子鎖は場所によっては隣り合う分子鎖と互いにそろうことで結晶を形成し，次いで配列の乱れた非晶となり，両領域を繰り返して貫通することでミクロフィブリルを形成している。結晶領域は数 nm から数十 nm の大きさであり（石鹸などのミセルと同程度の大きさ），非晶を介して結晶領域が総(ふさ)のように連なることからこの構造は総状ミセルといわれ，高分子の構造モデルとしては古典的なものである。

天然セルロース個体中の結晶領域の大きさは，次のような実験で求められる。高等植物由来の天然セルロースを塩酸で処理すると非晶領域は加水分解されるが，結晶領域はセルロース分子が密に詰まっているため塩化水素分子が侵入できない。そこで，処理後の残渣の重合度や中性子小角散乱プロファイルから結晶領域・非晶領域のグルコース残基の長さをそれぞれ評価すると，結晶領域はおおよそ長手方向が 200〜300 個，非晶領域は 4〜5 残基のグルコースから構成されていることがわかった。一方，ミクロフィブリルの横幅（分子鎖と直角方向）は，一般の植物で 3 nm 程度（セルロース分子鎖が 6 本×6 列＝計 36 本に相当）であり，ある種の海草では 20 nm に達するものもある[4)]。

天然物をいちど溶媒に溶かし，今いちど沈殿させて固体に戻したものを再生セルロースと呼称する。再生セルロースの場合は，結晶領域を構成する残基数が一桁小さくなる。つまり，天然物に比較して，人間の手が加わることで構造の規則性が落ちることになる。ちなみに，繊維状に再生したものをレーヨン，フィルム状に再生したものをセロハンといい，日常生活でも広く利用されている。明治から大正にかけて日本の産業は再生セルロースの生産から始まり，たとえば東レ（東洋レーヨン），クラレ（倉敷レーヨン），帝人（帝国人造絹糸）など，幾多の社名に今日でも由来が残っている。

植物がいかにしてこのような規則性の高い構造をつくり上げているのか，再生プロセスのどこに課題があるのかはいまだわかっていない。むろん，次の節で述べるように，永年の研究により結晶領域におけるセルロースの構造についてはかなり解析が進んでおり，またそれらの研究における日本の研究者の寄与はきわめて高い。一方，非晶領域におけるセルロースの構造についてはいまだ不明な点が多い。むろん，結晶ほどの規則性はないが，まったくランダムというわけではなく，分子鎖の秩序性はある程度保たれているといわれている。また，植物の生長過程でいかにして総状ミセル構造が形成されるかも完全に解明されていない。これらの点に関しては今後の研究による解明が待たれている。

8.3　セルロースの構造と基本物性

先述のように，ミクロフィブリルを構成するセルロース分子鎖はグルコース残基が連結されてできている。1本のセルロース分子を構成するグルコース残基の数を重合度といい，天然セルロースで500～10000，再生セルロースで200～800程度である[4]。個々のグルコース残基は六員環であるグルコピラノース環を形成しており，分子内および分子間水素結合で固定され，分子鎖が互いに整列して結晶を構成している。セルロース結晶には数多くの多形の存在が知られているが，天然のセルロースはいずれもⅠ型とよばれる結晶に属している。なお，いちど溶媒に溶解させたのち再固化させると，再生セルロースではⅡ型として結晶化し，Ⅰ型には戻らない。

以下では，セルロース分子鎖がもつ物性について概説する。

8.3.1　力学物性

断面積Sの材料にWの質量の錘をぶら下げると，元の長さがl_0であったものがΔlだけ伸びる。このとき，最初の微小変形時に弾性率Eは次の式で定義される。

$$E = (W/S) / (\Delta l/l_0)$$

Eは，単位断面積（m^2）あたりその物質の長さを2倍にするのに必要な力（N）を意味し，単位はN/m^2で，一般にPa（パスカル）と呼称される。つまり，Eは材料の変形のしにくさを表わす指標である。

ここで，図8.1のセルロース分子鎖の両端を持ってひっぱると，分子レベルでも伸びることになる。X線回折を用いると，結晶の中の分子鎖がひずむ様子を観察でき，このときの弾性率を結晶弾性率（E_l）という。なお，合成・天然を問わず高分子は100% 結晶にはなりえない。必ず構造の乱れた非晶領域が存在し，その分だけ試料全体の弾性率（Y）は低くなる。したがって，E_l 値はその高分子が100％結晶だったとした場合の極限値に相当し，高弾性率化の際の指標値となる。

図8.2 に，合成・天然を問わず，さまざまな高分子について従来われわれが決定してきた E_l と Y の最高値（Y_{max}）との関係を示した[5]。ここではPa単位に 10^9 を意味するG（ギガ）をつけて表わしている。

図中，斜め45°の線は $E_l = Y_{max}$ を示しており，極限性能が実在の材料でも発現できたことを意味する。アイソタクチックポリプロピレン（*it*.PP）は $E_l = Y_{max}$ の特性を示す，つまり実在の材料でも弾性率を極限にまで高くすることが可能であった。しかしながら，*it*.PPでは極限である E_l 値自身がそれほど高くないため，絶対値としての Y_{max} も低い値にとどまっている。これに対して，

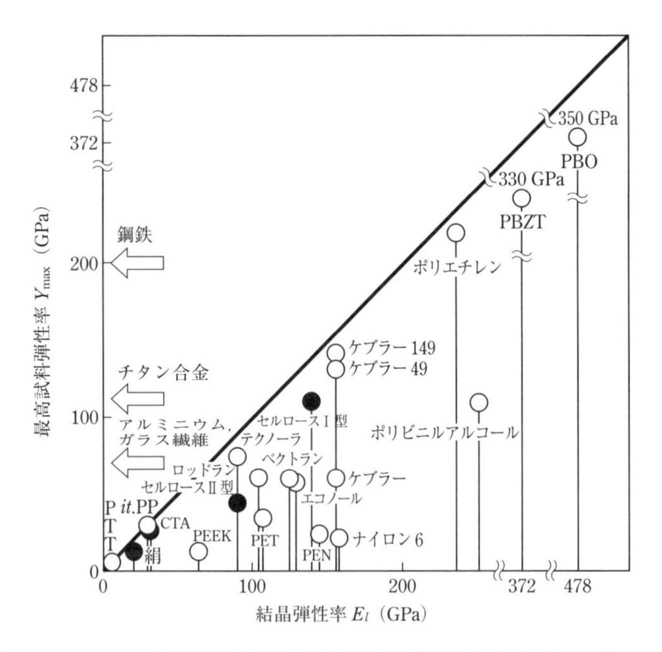

図8.2　セルロースおよび代表的な天然・合成高分子の結晶弾性率 E_l と最高試料弾性率 Y_{max}

ポリエチレンの E_l 値はきわめて高く（235 GPa），Y_{max} も 200 GPa 以上になり，鉄の値（204 GPa）を超えている。この数値は，コンビニのポリ袋も加工方法を工夫すれば鋼鉄よりも弾性率を高くできることを意味しており，実際に高弾性率ポリエチレン繊維として産業化されている。

さて，天然セルロースであるⅠ型の E_l 値は 138 GPa であり，植物繊維のなかには 100 GPa の Y 値を有するものもある[6]。これらは，チタン合金（106 GPa）やアルミニウム（70 GPa），ガラス繊維（70 GPa）を凌駕する値である。したがって，筆者の個人的な研究の動機となった「なぜ大木が風雪に耐えて永年にわたって自身の重量を支え，大木から切り出された木材で大仏殿の瓦屋根を支えられるのか」という設問の答えとしては，本質的にセルロースが力学物性に秀でた高分子であることに基づくことが明らかになった。また，われわれが時としてコピー用紙で手を切ってしまうことがあるのは，弾性率がガラスを超えることを考え合わせれば当然生じてしかるべき現象ということができる。ただし，植物が自らの骨格を支える構造多糖としてなぜセルロースという高分子を選んだのか，その答えを得るには今後の研究の進展を待ちたい。

このようなセルロースがもつ弾性率の高さは，セルロースⅠ型においては分子内あるいは分子間水素結合が骨格構造を固定しているだけでなく，鎖の方向への分子鎖の伸長が抑制されていることに基づいている。一方，同じセルロースでも，Ⅱ型（再生セルロース）やセルローストリアセテート（CTA）では水素結合が変化（消失）するため，E_l 値は低くなる（それぞれ 88 GPa と 33 GPa）[7]。したがって，原理的に再生セルロースや CTA からはいわゆる高強度・高弾性率繊維は得られないことになり，天然に由来する高分子を構造材料として利用するための展開を図るうえではやはり植物と同じく，E_l 値の高い天然セルロースの充填（じゅうてん）が必須となる。

8.3.2 熱物性

セルロースは高温でも溶融せず，熱分解することで焦げて燃えていくのみである。さらに，E_l は 200℃まで変化しない。結晶部分だけでなく非晶部分も含めた全体としても熱に強いことがわかっている。たとえば，麻の一種であり天然素材として最高の引張り強度と弾性率を示すラミー（和名は苧麻）繊維の

Y 値は，200℃においても高い値を保持する。つまり，構造・力学物性の観点から眺めると，セルロース繊維は200 ℃程度までは熱的に安定な素材であるということになる。ただし，200 ℃を超えると着色が著しくなり，利用分野が制限されることから，成形加工にあたって留意する必要がある。

熱に対するセルロースの安定性は，熱に対する構造変化の指標からもうかがうことができる。一般に温度が上昇すると，材料の寸法は大きくなる。この現象を熱膨張という。この際，ΔT の昇温による線熱膨張係数 α は次式で定義される。

$$\alpha = (l - l_0) / l_0/\Delta T$$

ただし，l_0 は昇温前の寸法，l は昇温後の寸法である。

図8.3 に，25℃を基準とした各種高分子結晶の繊維周期の変化率を示した[8)]。繊維周期とは，結晶中での繰り返し単位の長さに相当し，セルロースでは図8.1で示したようにグルコピラノース環2つ分の長さ10.37Å となる。高分子の熱膨張挙動と分子構造の相関はいまだ解明されておらず，剛直な分子鎖が必ずしも低い α 値を示すとは限らない。図の例でも柔軟鎖とされるポリビニルアル

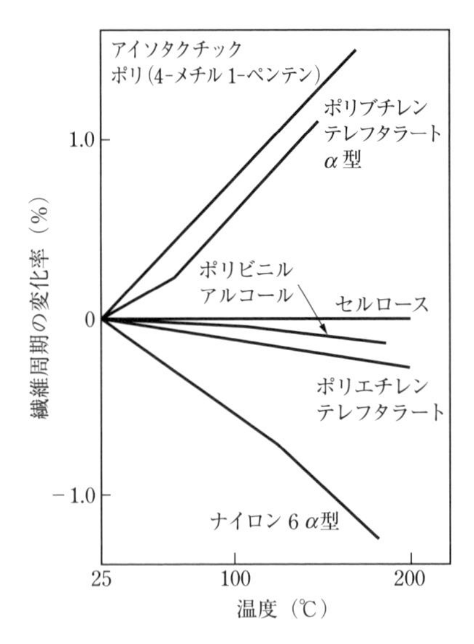

図8.3　セルロースおよび代表的な合成高分子結晶の繊維周期の温度変化

コールの α は小さく（-10^{-6}/K），むしろ熱で収縮する。これは，伸び切った平面ジグザグ鎖が熱振動する場合，伸び代がなく短縮せざるをえないことに基づいている。同族の芳香族ポリエステルであっても，ポリエチレンテレフタラートとポリブチレンテレフタラートではその化学構造上のちがいがわずかであるにもかかわらず，熱膨張挙動は正負に分かれ，顕著に異なっている。ナイロン6分子鎖は温度の上昇とともに大きく熱収縮する。この傾向は他の脂肪族ポリアミドにも共通して観察され，アミド基まわりのメチレン鎖の短縮に基づいている。

一方，セルロースの α 値はほぼ0であり，熱膨張も熱収縮もしない。これは熱振動する際に分子鎖が収縮する因子と膨張する因子が釣り合った偶然の結果であるが，金属（たとえば鉄は $12.1\times10^{-6}K^{-1}$）やセラミックスはおろか，ダイヤモンド（$1.1\times10^{-6}K^{-1}$）よりもセルロースの α 値が小さいことは，驚愕の物性値ということができる。

8.4　セルロース系複合材料

2種類以上の異なる素材を組み合わせる最も一般的な例は複合材料である。たとえば，直径10 μmの炭素繊維を束にしただけでは，束ねた方向にひっぱった場合はともかく，直角方向への力や圧縮などの変形に対しては弱い。ところが，炭素繊維にエポキシ樹脂を浸み込ませて固めて複合材料にすると，金属よりも軽量・高強度・高耐久性を示す。このような複合材料は現在，飛行機の構造材料にも利用されている。また身近な例としては，バスタブやスポーツ用具（テニスラケット，ゴルフクラブ）などにも複合材料が使われている。

複合材料は，充填繊維とマトリックスから構成され，充填繊維には強度の高い炭素繊維以外にもガラス繊維が汎用されている。前項までで，天然セルロースが力学物性・熱物性に優れており，ガラス繊維を凌駕することを述べた。したがって，天然セルロースは充填繊維の有力候補になりうることになる。

そこで，われわれはまず植物源としてケナフの靭皮から取り出したマクロフィブリルを充填繊維として取り上げた。ケナフ（*Hibiscus cannabinus* L.）はアオイ科の一年草であり，成長が著しく速く3カ月で背丈は3 mに達する。

成長過程での CO_2 吸収量が多く，幹の外皮のすぐ下に存在する靭皮からは，直径約 30 μm 程度のセルロース繊維を取り出すことができる。

一方，マトリックス樹脂としては，ポリ（L-乳酸）〔poly(L-LA)〕を取り上げた。poly(L-LA) は，生産で固定化する CO_2 と廃棄の過程で排出される CO_2 量の合計が0になるため，カーボンニュートラルな植物由来のプラスチック（バイオプラスチック）としては代表的なものであり，トウモロコシなどを原料として合成される。poly(L-LA) は比較的高い融点（167℃）を示すが，強靭性に課題を有することから，利用分野が制限されてきた。poly(L-LA) の補強のため，ケナフ繊維と組み合わせた複合材料を作製したところ，ケナフ繊維を 70 vol%（体積百分率）充填することで，複合材料のひっぱり強度は 20 MPa から 60 MPa へと3倍に増加した[9]。このように，セルロース繊維の力学特性を生かすことで開発されたケナフ/poly(L-LA) 複合材料は現在，自動車のドアトリム，携帯電話やパーソナルコンピュータの筐体などとして工業的に利用されている。

また，複合材料では充填材とマトリックスを組み合わせるため，必然的にそれらのあいだに界面が生じる。一般に，界面での接着や応力の伝達は，複合材料の特性に大きな影響を及ぼすことが知られている。たとえば，水分が界面に浸入すると，界面剥離（はくり）が引き起こされ，これによって材料の寿命が著しく低下するおそれがある。一方，充填材とマトリックスに同種の素材を使用すると「界面」が消失し，界面の影響による材料の劣化を妨ぐことができる。

このような複合材料として，われわれのグループでは最近，充填繊維とマトリックスがともにセルロースからなる *All*-セルロース複合材料を開発した[10]。*All*-セルロース複合材料は，自己補強型複合材料として高い力学物性・熱物性を有すること，再生可能資源であり利用後には生分解を示すこと，などの特長をもっている。

上述のように，セルロースは高温でも溶融せず，熱分解が先立つ。したがって，セルロースを成形するためには，いったん溶媒に溶解させたうえで改めて固体として取り出す必要がある。しかしながら，単にセルロースを溶解させてしまっては繊維中での分子配向が乱れ，セルロース本来の高い力学性能が消失してしまうおそれがある。そこで，補強材となるセルロース充填繊維は溶解させず，マトリックスとなるセルロースのみを溶解させる系を開発した。

セルロースを溶かす溶媒としてはさまざまな種類が見いだされている。工業的には二硫化炭素を用いたビスコース法，シュバイツアー試薬を用いた銅アンモニア法によるレーヨンの製造に加えて，最近では*N*-メチルモルフォリン-*N*-オキシド（NMMO）を溶媒として用いることでテンセル®が商品化されている。

われわれは，塩化リチウム（LiCl）を 8 wt%（重量百分率）含有する *N,N*-ジメチルアセトアミド（DMAc）-LiCl を溶媒系として採用した。天然セルロースをこの溶媒に溶解させるためには，水，アセトン，DMAc に順次，浸漬（しんせき）と濾過（ろか）を繰り返す前処理が必要となる。セルロースはこのような前処理を経て，初めて DMAc-LiCl に溶解させることができる。つまり，マトリックスとなるパルプにのみこの処理を施すことにより，充填材であるラミー繊維と同じセルロースであっても，溶解性を差別化することができる。この原理を利用し，セルロース繊維をセルロースマトリックスに充填した。

図 8.4 に，*All*-セルロース複合材料とともに，各素材であるラミー繊維およびマトリックスセルロース（セロハン），またマグネシウム合金についての室

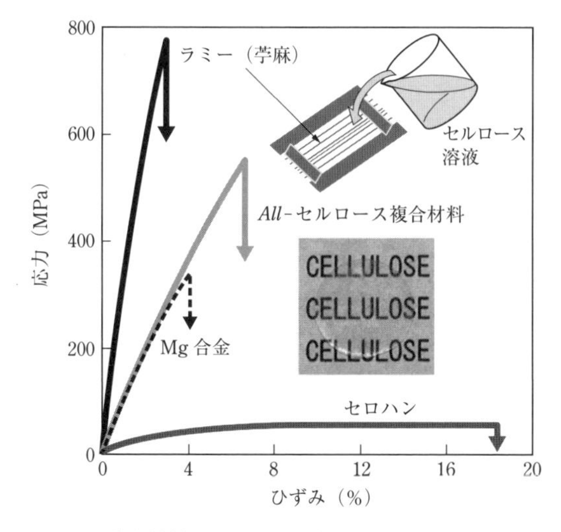

図 8.4 *All*-セルロース複合材料，ラミー単繊維，マトリックスセルロース（セロハン）の応力・ひずみ曲線と，*All*-セルロース複合材料の作製法および外観

温でのひっぱり試験の結果をあわせて示した[10]。*All*-セルロース複合材料としては，図中に示したように，まずセルロース繊維としてのラミー繊維を配列させ，そこに溶解させたセルロース溶液を含浸させたのち，ゲル化して乾燥させたものを使用した。なお，図の材料においては繊維が同じ方向に配向している。

ラミー繊維に比較すると低い値となるが，*All*-セルロース複合材料のひっぱり強度（縦軸の応力の最大到達値）は500 MPaを超えており，アルミニウム合金（315 MPa）や炭素鋼（517 MPa）と比較しても遜色ない。また，*All*-セルロース複合材料の弾性率（曲線の初期勾配に相当）はマグネシウム合金とほぼ同程度である。さらに，繊維を無配向化した*All*-セルロース複合材料においても，200 MPa以上のひっぱり強度が確保されることを確認している[11]。

この他，*All*-セルロース複合材料の特性として，貯蔵弾性率E'やα値についても調べた。*All*-セルロース複合材料のE'値は，25℃において45 GPaであり，温度の上昇に伴いその値は低下するものの，300℃においても20 GPaという高い値を保持した。先述のように，一般の植物材料にはセルロース以外にリグニンやヘミセルロースが含まれ，これらの熱分解が耐熱性を損ねている。*All*-セルロース複合材料においてはリグニンやヘミセルロースが除去されており，耐熱性の向上に寄与したものと考えられる。また，α値については，*All*-セルロース複合材料は$10^{-7}K^{-1}$程度と桁ちがいに小さく，装置精度と同程度の値を示した。すなわち，*All*-セルロース複合材料は，温度を上げても熱膨張も熱収縮もしない，きわめて寸法安定性の高い材料であることがわかった。これら力学的・熱的に高い性能はいずれも，この複合材料中での繊維の充填量が高く（80 vol%），セルロース繊維の優れた物性が複合材料にも直接反映されたことに由来する。また，図8.4中の写真に示したように，*All*-セルロース複合材料でつくったシートは透明になる。これは，繊維表面が溶媒に部分溶解したことで相互拡散が促進され，光散乱の原因となる界面が消失したことに基づいている[12]。

8.5　製造法を異にするセルロースナノファイバー

図8.1で示したように，セルロース繊維を解きほぐしてサイズを小さくして

いくと，ナノファイバーに至る。このセルロースナノファイバーは，近年のナノテクノロジーの中核を担う材料としてさまざまなアプローチによる製造が試みられている[13～15]。

セルロースをナノ化することで，マクロな繊維からは得られなかったさまざまな機能・性能が期待できる。一例をあげると，ファイバー直径がナノサイズになり可視光の波長以下の長さになると，光を散乱しなくなり，透明な材料を作製できる場合がある。また，ファイバーに現われる構造欠陥が減少し，さらにナノファイバーどうしではからみ合い密度が上昇することで高強度化に寄与する。

このように，セルロースナノファイバーの使用により，さまざまな特性をもった複合材料の製造が可能になると考えられる。そこでわれわれのグループでは，セルロースナノファイバーの製造方法について検討するため，セルロースの製造方法がセルロースナノファイバーに及ぼす影響について検討を行なった。

表 8.1 に示すように，セルロースナノファイバー作製法は，おもに物理的手法と化学的（生物的）手法に分けることができる。物理的手法は，基本的に剪(せん)断(だん)力によるナノファイバー化であり，たとえばグラインダー処理などにより直径 20～30 nm のナノファイバーを得ることができる[16]。矢野らは，あらかじめ化学修飾したセルロース繊維を直接，二軸混練機に投入することで，ナノファ

表 8.1 代表的なセルロースナノファイバーの作製法

手法	特徴	開発者
物理的（機械的）	剪断力	
グラインダー法	高速石臼で数秒	谷口（新潟大）
高速ミキサー法	15000 rpm×30 分，繊維ダメージ小	矢野（京大）
マイクロ流路法		Berglund （スウェーデン）
対向噴流衝突法		近藤（九大）
二軸混練法		矢野（京大）
爆砕法	古典的	
化学的（生物的）		
酵素加水分解	セルラーゼを使用	産総研，森林総研
TEMPO 酸化	3 nm	磯貝（東大）
イオン液体選択溶解		西野（神戸大）
電解紡糸		
バクテリアセルロース		

イバーへの解繊と樹脂への混練を同時に達成する手法を開発し，市場化をめざしている[17]。

一方，化学的手法では，ミクロフィブリル間の分解・溶解を経てナノファイバーを取り出している。磯貝らの見いだしたTEMPO酸化法では，グルコピラノース環ひとつおきにカルボキシ基が導入されるとともに，セルロースナノファイバーの直径は3 nmへと小さくなる[18]。電界紡糸という特殊な紡糸法を用いると，セルロース溶液からナノファイバーが得られるが，ここで得られるナノファイバーは結晶系がセルロースII型となり，図8.2で示したように本質的に弾性率は低いものとなる。また，セルロース誘導体のE_l値も低く，繊維に高い弾性率は期待できない。一方，これまでに見てきた植物を由来とするセルロースのほかに，天然由来のセルロースナノファイバーとして酢酸菌の産生するバクテリアセルロース（BC）がある（一般にはナタデココとして食されている）。このBCを圧搾・乾燥させることで得られるシートが，力学的・熱的にきわめて高い性能を示し，スピーカーコーンとして市場に出まわったこともある。

ナノファイバーの作製には，現在のところは各人各様の手法が採用されている状態であり，今後はどの手法が設備投資やランニングコスト的に有利かという観点とともに，いかに損傷を少なくナノファイバーを取り出すことができるかが大量生産へ向けたテクノロジー開発の鍵となる。われわれのグループでは，おもに物理的なグラインダー法によるナノファイバーの製造も試みている[19]が，化学的なナノファイバー作製法の開発も進めている。化学的なナノファイバー作製法としてわれわれは最近，イオン液体中に条件を整えてセルロース繊維を浸漬する方法を開発し，この方法では全体としての溶解よりもミクロフィブリル間での溶解が優先的に生じ，その結果，ナノファイバーが得られることを見いだした[20]。

図8.5に，精製ケナフ繊維を水分散液からそのままシート状に成形した場合と，グラインダー処理によりナノファイバー化，あるいはTEMPO酸化したうえでシートとした場合の応力-ひずみ曲線をあわせて示した。なお，右側には各繊維の観察結果を，図中にはシートの外観を示した。μmサイズのファイバーを含む水分散液からそのままシートとした場合は，通常の紙と同じく白

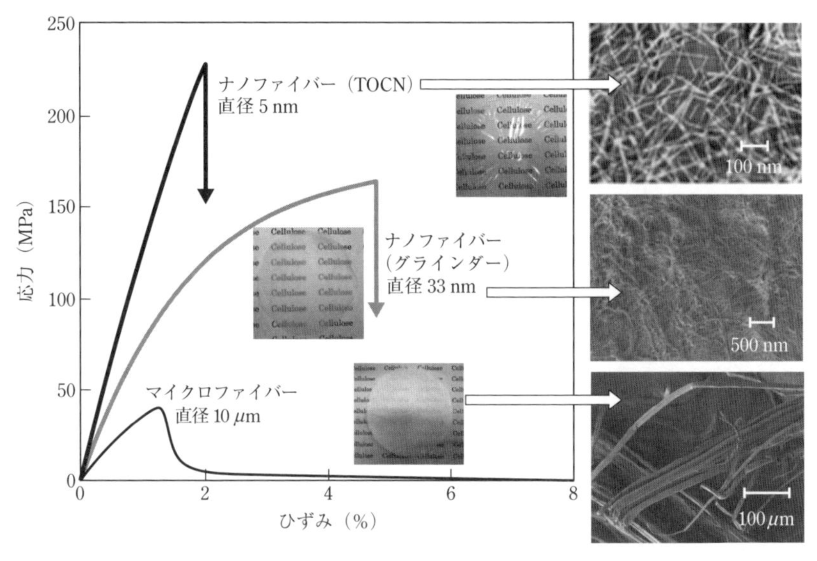

図 8.5　ケナフ由来セルロースナノファイバー（TOCN, グラインダー）, マイクロファイバーシートの外観，応力－ひずみ曲線と繊維の顕微鏡写真

濁した外観を呈し，強度・弾性率ともに高いものではない。それに対して，ナノファイバー化することでシートは透明化し，力学物性は飛躍的に増加した。このナノファイバーから得られるシートをナノペーパーと命名した[18]。なかでも，繊維径がシングルナノのサイズの TEMPO 酸化セルロースナノファイバー（TOCN）では弾性率（14 GPa），強度（227 MPa）がよりいっそう増加し，光学的にも透明性が飛躍的に高まった。図の応力－ひずみ曲線と横軸で囲まれる面積は破壊に要するエネルギーに対応し，強靭（きょうじん）性（タフネス）の目安となる。この値が高いほど強靭な材料であることを示し，マイクロファイバーで 0.3 J/g であったのに対して，グラインダー処理ナノファイバーで 6.2 J/g となった。したがって，処理法を異にするセルロースナノファイバーを使い分けることにより，高強度・高弾性率を求める場合，高い強靭性を求める場合など，適所に用途展開することが可能である。

8.6　植物種を異にするセルロースナノファイバー

前節まででで示してきたように，環境調和性をあわせもつナノ材料としてセルロースナノファイバーが注目され，多くの研究者や開発者がセルロース系素材を用いた研究開発を進めている。ところが，それらの研究にあたっては，それぞれが異なる素材を使って独自に進めているのが現状であり，出発素材としてのセルロースの植物種や種類のちがいによるセルロースナノファイバーの性能のちがいはこれまで検討されてこなかった。工業的な展開を図るうえでは，製造方法だけでなく，もともとの素材の及ぼす影響は大きく，また精製プロセスも重要となる。われわれのグループでは，さまざまな種類の植物からセルロースナノファイバーを作製し，その構造・物性を系統的に検討した。

図8.6に，さまざまな植物種由来のセルロースナノファイバーを使って作製したシートの応力 - ひずみ曲線を示した。セルロースナノファイバーの作製にはグラインダー法を採用した。なお植物種としては，ソルガム，ユーカリ，キャッサバ，パイナップル，ヒノキ，スギ，トウヒなどを用いたが，図にはトウキビ

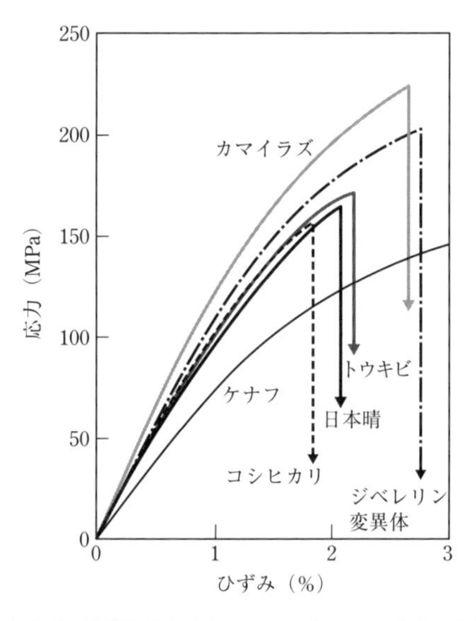

図8.6　トウキビおよび各種稲わら由来セルロースナノファイバーの応力 - ひずみ曲線

および各種の稲わらを出発原料として得られた結果を示した。図 8.5 で取り上げたケナフと比較して，稲およびトウキビの茎から得られたセルロースナノファイバーは強度・弾性率が高く，破断に至るまでの伸びが小さくなった。つまりセルロースナノファイバーの性能は，植物種の影響を大きく受けるため，目的に応じて由来植物を選択する必要のあることが明らかになった。

さて，イネの生長を制御する植物ホルモン，ジベレリンの変異体では，細胞が長くなるため，その細胞壁も長くなる。セルロースのマクロ構造がナノファイバーの物性に反映されるならば，より高強度・高弾性率のセルロースナノファイバーを有していることが期待できる。一方，同じイネ科の植物，カマイラズは，その名のとおり鎌が不要なほど稲わらが折れやすく，マクロな繊維としては強度が低い。このような予想のもと，ジベレリン変異体とカマイラズからそれぞれグラインダー処理によりセルロースナノファイバーを作製し，その物性を比較してみると，想定とは逆に，むしろカマイラズ由来のナノファイバーのほうが高い強度・弾性率を示すことがわかった。したがって，マクロな繊維物性は必ずしもナノ繊維の物性には反映されないことが明らかになった。

そこで，ナノファイバー物性と相関する構造パラメータを検討すると，分子量よりもむしろ結晶化度が高く，微結晶サイズの小さなセルロースナノファイバーで，強度と弾性率が上昇することを見いだした。

8.7　セルロースナノファイバーを用いた*All*-セルロースナノ複合材料

2014 年，「日本再興戦略」改定 2014（平成 26 年 6 月 24 日閣議決定）においてセルロースナノファイバーのマテリアル利用促進がうたわれ，セルロースナノファイバーの特性を有効活用する観点からセルロースナノファイバー充填複合材料の構造材料への展開がさまざまなアイデアに基づいて精力的に進められている。この際，原料として環境調和材料を利用したうえで，そのプロセスにおいても低炭素化などの環境調和の観点からのアプローチが求められる。

このような背景のもと，われわれも *All*-セルロース複合材料のナノ化とともに，環境汚染を引き起こすおそれのある有機溶剤を用いない工程について検討を行なった。

先述のように，セルロースは熱溶融せず，溶媒も限定される。一方，セルロースに化学的にアセチル基を導入すると，熱可塑性（加熱すると軟化する性質）を付与することができる。そこで，温度・時間・圧力などの条件を整えてナノファイバーの表層にだけアセチル基を導入した。この際，気相での反応を採用することで，有機溶媒を使わず環境調和性に富んだプロセスとした。ここで得られたナノファイバーは表層だけに熱可塑性を示すため，加熱下で圧縮すると表層どうしが互いに固着することで連続相になる。一方，ナノファイバーの芯部にはセルロースが残っているため，補強のための充填繊維の役割を果たす。

図 8.7 に，このようにして得られたシート状試料の外観を示した。なお，CA30 とは，無水酢酸を含む気相に 30 分間，セルロースナノファイバーをさらし，その後 150℃で圧縮成形した試料のことを意味する。直径 30 nm のセルロースナノファイバーからなる元のシートは白濁した外観を呈している。ところが，アセチル化と圧縮成形を施すことで試料は透明化した。ただし，アセチル化時間を長くすると熱分解を伴って黄色を呈するため，処理条件を最適化する必要がある。セルロースアセテート（CA）は先に述べたように，写真フィ

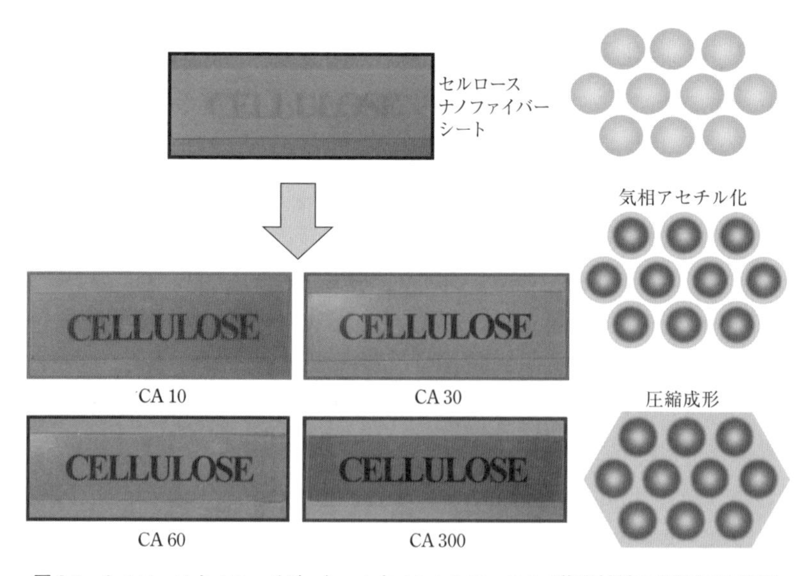

図 8.7　セルロースナノファイバーシートと *All*-セルロースナノ複合材料の外観（口絵参照）

ルムとして，また液晶ディスプレイの位相差板として広く使われているが，その強度に課題を有している。ここで得られた*All*-セルロースナノ複合材料は，見方を変えればセルロースナノファイバーで強化されたCAであり，透明性を維持しつつCAの強度の課題を克服する手段となりえることが明らかとなった。

8.8 応用への期待と今後の課題

セルロースの基本構造・物性に加えて，セルロースナノファイバーの製法・物性・複合材料への展開について述べてきた。これらの複合材料が天然を超えるとするならば，その鍵は組成・構造に人為的な材料設計の概念を組み込めうるところにある。そうすることで，一部でもわずかでもbio-mimetic（生物機能を模倣する）からbio-inspired（生物の営みに着想を得る）へ，そして天然を超えていくべくbio-superior（生物の機能・性能を上まわる）材料開発がせつに望まれる。セルロースナノファイバーの利用展開については成書を参照されたい[21]。

私見ながら，セルロースナノファイバーはいずれの分野に導入してもそれなりの性能を発揮する優等生ではけっしてなく，ある特定の方面でのみ大きな活躍を見せるかなり尖った材料である。野球に喩えれば，アベレージヒッターではなくホームランバッターで，三振も多い。それだけに魅力的な素材であるが，単に従来材料の代替をめざすのではなく，セルロースナノファイバーとしての特長を生かした用途展開を図ることが重要になる。それと同時に，セルロース系材料の問題点は，低い耐湿・耐水性，界面，低いタフネスであるといわれている。また，天然繊維の利用が必ずしも環境に対して「やさしい」とは限らない場合があることにも留意しなければならない。リサイクルをめざすか，使い捨てで対応するか，さらに修理して使うことが望ましいのか。用途に応じて，ライフサイクルアセスメント（LCA，第9章を参照）を考えたうえでの利用が望まれる。

植物繊維を利用した複合材料は現在までのところ，「バイオ素材だから環境調和」というイメージだけで利用されていることは否めない。今後，われわれが開発した*All*-セルロース複合素材のような，環境にやさしい（ecological）複合材料に加えて，既存複合材料の代替材料としてだけでなく，広義の「エコ」（ecological + economical）な複合材料として，特徴を生かした利用が望まれる。

参考文献

1）Nishino, T. (2004) Natural Polymer Sources *in* Green Composites (C. Baillie ed.), Chapter 4, pp.49-80, Woodhead Pub.

2）西野　孝 (2010) セルロースの構造と力学物性．環境調和複合材料の開発と応用（藤井透・西野孝・合田公一・岡本忠 編，普及版），シーエムシー出版

3）桜田一郎 (1978) 繊維の化学，三共出版，p. 14

4）セルロースの事典 (2008) セルロース学会編，朝倉書店

5）Nishino, T., *et al.* (1995) Elastic modulus of the crystalline regions of cellulose polymorphs. *J. Polym. Sci., Part B, Polym. Phys.*, **33**, 1647

6）西野　孝 (2008) セルロースの構造と力学的極限, 材料，**57**, 97

7）Nishino, T., *et al.* (1995) Elastic modulus of the crystalline regions of cellulose triesters. *J. Polym. Sci., Part B, Polym. Phys.*, **33**, 611

8）西野　孝 (2014) 化学便覧 応用化学編（第７版），p.1194，丸善

9）Nishino, T., *et al.* (2003) Kenaf reinforced biodegradable composite. *Composite Sci. Technol.*, **63**, 1281

10）Nishino, T., *et al.* (2004) All-cellulose composites, *Macromolecules*, **37**, 7683

11）Nishino, T. and Arimoto, N. (2007) All-cellulose composite prepared by selective dissolving of fiber surface, *Biomacromolecules*, **8**, 2712

12）Nishino, T. and Peijs, T. (2014) All-cellulose composites *in* Handbook of Green Materials, Vol.2, Bionanocomposites: Processing, characterization and Properties, p.201, World Scientific Publishing, NJ

13）本宮達也監修 (2008) ナノファイバーテクノロジー（普及版），シーエムシー出版

14）西野　孝 (2009) バイオナノファイバーの構造と物性, 機能材料，**29**，6

15）西野　孝 (2012) セルロースナノファイバー, 繊維機械学会誌，**65**，313

16）Taniguchi, T. and Okamura, K. (1998) New films produced from microfibrillated natural fibres. *Polym. Intn'l.*, **47**, 291

17）Abe, K., *et al.* (2009) High-strength nanocomposites based on fibrillated chemi-thermomechanical pulp, *Composite. Sci. Technol.*, **69**, 2434

18）Isogai, A., *et al.* (2011) TEMPO-oxidized cellulose nanofibers. *Nanoscale*, **3**, 71-85

19）Henriksson, M., *et al.* (2008) Cellulose nanopaper structures of high toughness. *Biomacromolecules*, **9**, 1579-1585

20）Yousefi, H., *et al.* (2011) Direct facrication of *all*-cellulose nanocomposite from cellulose microfibers using ionic liquid-based nanowelding. *Biomacromolecules*, **12**, 4080-4085

21）ナノセルロースフォーラム編 (2015) 図解よくわかるナノセルロース，日刊工業新聞社

第9章

持続可能なバイオマス資源社会へ向けて

バイオマスは，大気中のCO_2を吸収・固定化することにより地球温暖化防止に貢献するポテンシャルをもつことや，比較的短期間での再生が可能であるため枯渇の心配が少ないことなどの理由から，次世代の重要な資源のひとつとして期待されている。しかし，バイオマスを資源として利活用する際のライフサイクル（バイオマスが生産され，利用され，廃棄されるまでの全過程）を通してみると，化石資源の場合よりも多くの温室効果ガスを排出していることもある。そのため，利活用技術の開発・導入をする際には，全体で見たときに環境によいといえるシステムになっているか，環境負荷が大きくなるポイントはどこか，などを確認しながら進めていく必要がある。また，これからの時代を担う技術としては「持続可能」であることが求められる。環境面だけでなく経済面，社会面も含めて，持続可能性を考慮したバイオマス資源利活用システムを構築することが重要となる。持続可能とはどういうことか，バイオマスの持続可能性という観点に沿って持続可能性評価の現状と考え方を紹介する。

9.1 バイオマス資源の影響を考える

前章までに述べられた，植物を利用するための理論から応用技術まで，新しい技術開発を伴う各種の研究から見えてくるように，植物資源は大きな潜在能力をもち，これからの社会を担う資源たりうる可能性を十分に秘めているといえる。しかし，バイオマス資源社会を真に持続可能なものにしていくためには，バイオマスのライフサイクルを考慮し，考えうるすべての重要なリスクへの影響を確認し，全体としての持続可能性を検証しながら進める必要がある。

資源としてバイオマスを実際に利活用するにあたっては，バイオマスの栽培，収穫，変換などいくつもの段階があり，それぞれの段階で環境や社会にさまざまな影響が及ぶ。たとえば植物バイオマスを栽培する段階においては，農業機械の稼働のために電気やガソリンなどのエネルギーが消費される。また植物の栽培には農薬などの薬品使用が少なからず必要であり，農薬が生産される過程もエネルギーや資源が消費されるとともに，それらの薬品使用が環境に大きな負荷を与える可能性もある。これらすべての項目を含めて考えると，石油由来のプラスチックと同じ物をつくるバイオマスを育てるために，石油由来プラスチックをつくる場合よりも多くの化石資源が消費される可能性もある。

栽培コストを削減して資源として有効に利用するためには，一度にたくさんの単一作物を栽培するプランテーションが有効であるが，そうなれば広い土地が必要になり，生態系を大きく変化させてしまうことにもなる。大規模なプランテーションを行なうために森林や泥炭地を開墾すれば，固定されていたCO_2の大量放出につながってしまう。また，それまでその土地で生命を育んでいた植物や生物など，環境への影響ばかりでなく，その土地の恵みを享受していた人々にも，生活環境や労働環境の悪化，農薬による被害，教育や余暇の状況の変化など，大きな影響を与える可能性がある。

さらに，栽培・収穫を経たあとのバイオマスの変換の段階では，プラントを建設し，季節ごとの植物の収穫にあわせてプラントを維持・運営する必要があるが，ここでも，プラントを建設する土地への影響や，収穫物の輸送の際のエネルギー消費，保管における影響，変換に伴って発生する廃棄物や廃水など，環境や社会への影響は避けられない。

このように，バイオマス資源の持続可能性を検証するためには，バイオマス資源利活用のライフサイクルを通して，バイオマスを資源として利活用する活動全般が環境・経済・社会に与えるさまざまな影響（リスク）を評価することが重要となる。

9.2　バイオマス資源のライフサイクル

ある製品が生まれてから廃棄されるまでのあいだに，環境にどのような負荷をどの程度与えたかを評価する手法として，ライフサイクルアセスメント（life cycle assessment；LCA）がある[1)]。LCAでは，製品またはサービスのライフサイクル（一生）を構成する各段階において，消費する物質と排出する物質の種類と量を算出し，それらの資源消費と自然界への排出が環境に与える影響を評価する。LCAを実施するにあたっては，まずライフサイクルを構成するプロセスを把握することが重要であり，そのうえで評価の目的に応じた調査範囲や収集データを決定する。ライフサイクルを構成するプロセスごとの収集データの数は膨大なものとなるが，LCA実施者が直接入手できるデータは限られているため，全体への影響の大きさなどを考慮しながら必要に応じてデータベースなどの一般的なデータを引用して実施することも多い。

バイオマス資源のライフサイクルは，①新しい土地の開墾またはすでに何らかの目的に使われていた土地の転換などを伴う「土地利用」プロセスから，「栽培」と「収穫」を経て，収穫した物を「輸送および保管」し，「リファイナリー（変換）」プロセスに投入して素材を生産するまでのバイオリファイナリー段階と，②リファイナリーで得られた素材を使って製品を「製造」し，製品として「使用」され「廃棄」されるバイオマス素材使用段階の，大きく2つの段階に分けることができる（**図9.1**）。

リファイナリーで得られる素材が，石油由来の素材を代替するものであれば，製品製造以降の段階は石油由来の場合と同一である可能性が高いため，バイオマス資源の評価は，バイオリファイナリー段階のみを評価範囲とすることも多い。この場合の収集データ項目としては，栽培プロセスにおける投入物（種，

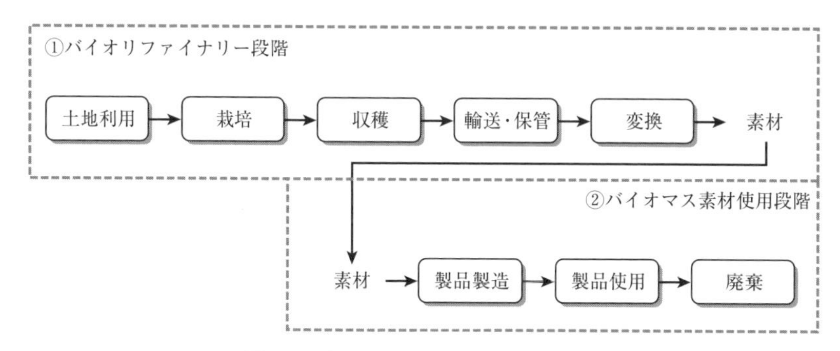

図9.1　バイオマス資源のライフサイクル

肥料，農薬，副資材，水，電力，燃料など），収穫・輸送・保管プロセスにおける投入物（副資材，水，電力，燃料など），そして，変換プロセスにおける投入物（副原料，薬品，副資材，水，電力，燃料など）があげられる。土地利用（開墾または転換）プロセスについては，実際にその土地を取得し栽培を行なう事業者以外の評価実施者にとってはデータ収集が困難であることが多く，泥炭地や森林を開墾する場合を除いて収集対象外とされることも多い（泥炭地や森林を開墾した場合は多量の CO_2 放出の可能性があるため，モデルなどを用いた概算評価を行なうことが望ましい）。

9.3　LCAによるGHG排出量の評価

一般に，LCA で簡易に製品 1 kg あたりの温室効果ガス（green house gas；GHG）排出量の計算をするには，対象範囲に含まれるプロセスごとに消費するすべてのエネルギーや原材料などを列挙し，それぞれの投入量にその投入物のライフサイクル GHG 排出原単位（その投入物の製造に使われる原材料やエネルギーを最上流まで逆のぼり，必要なすべての資源の採掘から製品の製造までにおける GHG 排出量を示したもの）を乗じてそれらを合算する。GHG には複数の種類があるが，評価を行なう際は，おもな温室効果ガス（CO_2，CH_4，N_2O など）をそれぞれの温室効果係数を用いて CO_2 に換算して評価することが多い（その場合の GHG 排出量の単位は kg-CO_2e と表わされる）。

短期伐採林におけるユーカリの栽培から燃料用木質チップ製造までの GHG 排出量を計算した柳田らの報告を例にとってみよう[2]。この報告では，栽培時の窒素肥料，リン肥料，カリウム肥料，農薬，そして，栽培時や収穫時，輸送時，チップ製造時に使用される農業機械や車両用のディーゼル燃料について評価し，窒素肥料と収穫時の燃料が，全体の GHG 排出量に対する支配的な要因になっていることを明らかにした。このことから，窒素肥料の投入量を削減することや，収穫時の燃料効率を高めることが，ライフサイクルにおける GHG 排出量の削減のために有効であることが示唆された。さらに，これらの栽培，収穫，輸送などにおける各種条件は，事業者や場所などの異なる各事例によって違いがあるため，複数の条件パターンで評価を行なった結果，最も低いケースと最も高いケースとでは全体の GHG 排出量に大きな差がみられることも示された。

匂坂らの研究においても同様のことが指摘されている[3]。匂坂らは，文献を用いたデータ収集により，タイで生産されたサトウキビからエタノールを製造し日本に輸送して自動車用燃料として利用するケースを想定して，GHG 排出量を評価した。それぞれのデータの不確実性を考慮して確率分布を分析した結果，95% 信頼区間で 95% エタノール 1 kg あたり 1.1～2.0 kg-CO_2e の排出となり，広い分布が存在することを示した。同等の熱量あたりのガソリンではおよそ 1.8 kg-CO_2e の排出となったことから，施肥量や収量などの条件によってはガソリンを上まわる GHG の排出がある可能性が示唆されたことになる。

このように LCA は，各条件が結果に与える影響について確認することができ，全体に対する寄与率の大きいプロセスを把握することで，その改善可能性の議論につなげることができる手法といえる。

9.4　新規バイオマス素材開発研究における評価事例

資源作物として有望なソルガムは，収穫後のバイオマスを搾って得られるジュースから糖を取り出すことができ，また搾りかすのバガスからナノファイバーなどの有用な素材を得たり，燃焼によってエネルギーを得たりすることができる。このように，植物を余すところなく利用することによって，より効率的な資源利用が可能となる。

ここでは，ソルガムから抽出した糖をリファイナリーによってプラスチック原料に変換し，残ったバガスをリファイナリーのためのエネルギー供給に利用した場合の GHG 排出の評価例を紹介する[4]。

原料のバイオマスには糖度の高いスウィートソルガムが想定された。まず，このスウィートソルガムを栽培し，収穫して細かく切断したのち，糖を含んだジュースを得る。ジュースに含まれる糖分は，発酵生産菌などによりフェニル乳酸（PhLA）に変換する。さらに，重合処理で PhLA を高分子化することにより，バイオプラスチックとして期待されるポリフェニル乳酸〔poly(PhLA)〕を得ることができる（**図 9.2**）。この，変換・分離・精製・重合の一連のプロセスに使用される蒸気と電力は，スウィートソルガムの搾りかすと発酵残渣の燃焼エネルギーでまかなうとすることが可能である。

作物の栽培では，収量や施肥量，農薬の投入量などがGHG排出の重要な要素となる。また，リファイナリーまでを視野に入れれば，糖分の収率や変換効率なども大きく影響する要素となる。評価のベースケースとして，ソルガムの収量を61.4トン/ha，ジュースの抽出効率を80 %，ジュースの糖濃度を15 %，poly(PhLA)合成の収率を16 %，poly(PhLA)の分離・精製における収率を70 %と設定して計算すると，poly(PhLA) 1 kgあたりのGHG排出量は6.72 kg-CO_2eとなった。植物は，成長にあたって空気中のCO_2を取り込んで固定していることから，その固定量を差し引いた見なし排出量は，4.34 kg-CO_2e/kgと計算される。

一方，石油由来の工業製品フェノールとフェノール樹脂のGHG排出量としては，それぞれ2.40 kg-CO_2e/kg，3.06 kg-CO_2e/kgというデータがあり（LCA

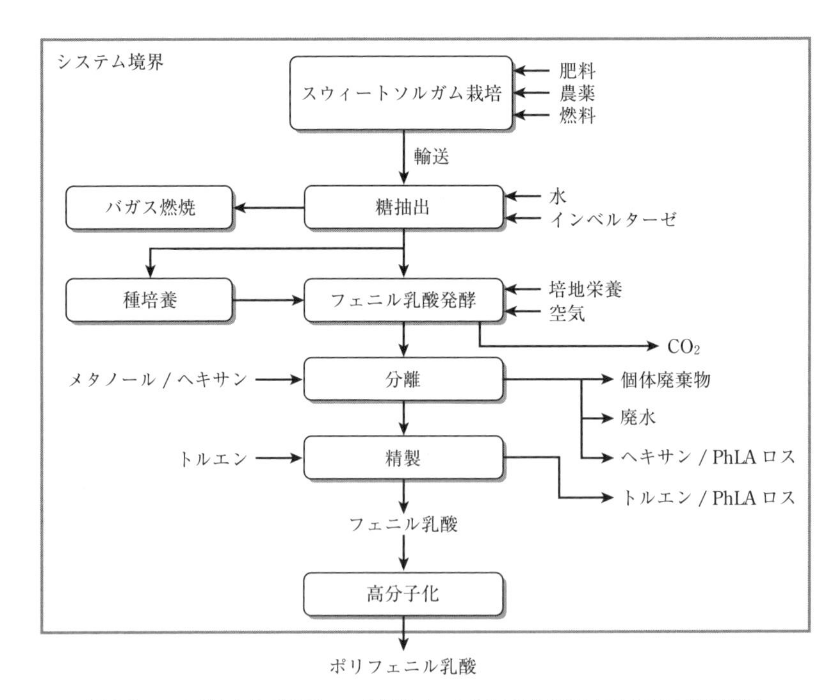

図9.2　ソルガムからポリフェニル乳酸〔poly(PhLA)〕製造までのLCA評価範囲

ソフトウェア MiLCA[5] およびデータベース IDEA[6] を用いた算出データ)，ソルガムからのプラスチック生産における GHG 排出量はそれらを上まわる結果となっていた（**図 9.3**）。ただし，ここで使用したベースケースの条件は，ソルガム栽培に関しては既存の文献などに見られる一般的な値であり，poly (PhLA) の製造に関しては実験室レベルの値であることから，今後，ソルガムの収量や糖濃度の向上，栽培条件の最適化，変換プロセスにおける生産条件の検討などにより，GHG 排出量を大きく削減できる可能性は高い。

この評価例では，感度分析として各条件を考えられる範囲で変化させ，トータルの GHG 排出量への影響度を調べている（**図 9.4**）。たとえば，影響があると思われる条件のうち，poly (PhLA) 分離精製の収率が最も排出量への影響が大きく，収率を 35% から 99 % まで変化させると，GHG 排出量は 14.9 kg-CO_2e/kg から 3.7 kg-CO_2e/kg まで変化した。その他，PhLA 合成の収率，ジュースの糖濃度，ソルガムの収量を，ベースケースの 150% に設定すると，GHG 排出量はそれぞれ約 19 %，16 %，13 % の減少を示すことがわかった。

現在，NC-CARP プロジェクト（はじめにを参照）において，目標値として設定されている値はベースケースのほぼ 130 % 程度であり，それらの目標値をもとに評価を行なうと，poly (PhLA) 1 kg あたりの GHG 排出量は 3.0 kg-CO_2e/kg と，既存の石油由来の素材に十分に対抗しうるレベルになることが示された。

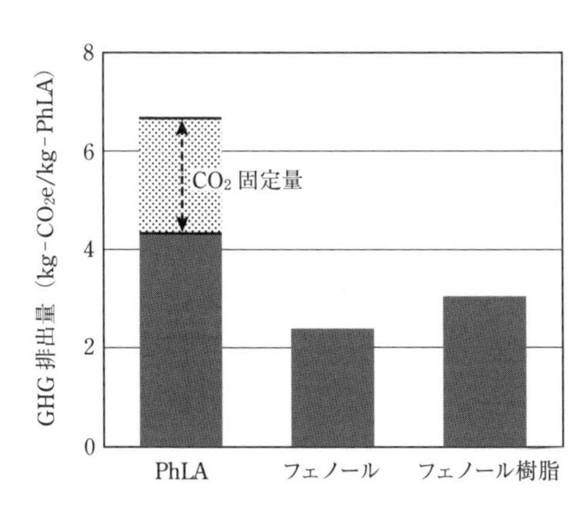

図 9.3　ソルガム栽培から poly (PhLA) 製造までの GHG 評価結果（ベースケース）と既存樹脂との比較（文献 4 を基に作成）

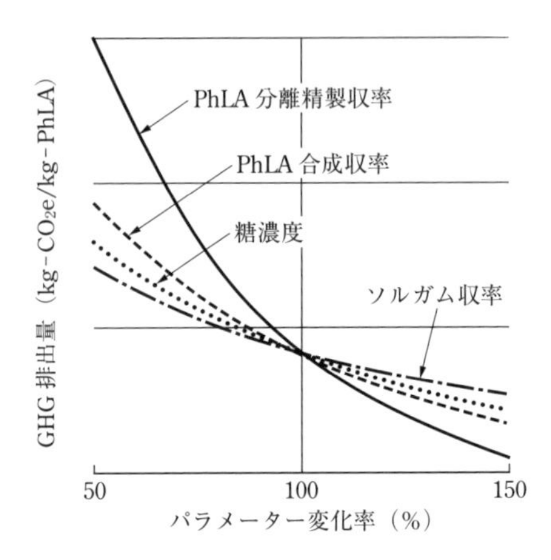

図 9.4　ソルガム栽培から poly(PhLA) 製造までの各条件因子による感度分析結果イメージ
（文献 4 を基に作成）

以上のように，LCA を用いた評価により，バイオマス資源の開発研究にあたって注力すべきポイントや目標値の設定基準などについて指標を得ることが可能となる。

9.5　持続可能性の視点

持続可能という概念は，1980 年に国際自然保護連合（IUCN），国連環境計画（UNEP），および世界自然保護基金（WWF）が共同で策定した「世界環境保全戦略」で初めて国際的に示された。その後，1987 年に国連により発表された「環境と開発に関する世界委員会（ブルントラント委員会）」の報告書「Our Common Future（我ら共有の未来）」において，持続可能な開発とは「将来世代のニーズを損なうことなく現在のニーズを満たすこと」と定義された。

世界銀行のチーフエコノミストだったハーマン・デイリーは 1972 年，持続可能な社会のための原則として，①再生可能な資源の消費ペースは，その再生ペースを上まわってはならない，②再生不可能な資源の消費ペースは，それに代わりうる持続可能な再生可能な資源が開発されるペースを上まわってはならない，③汚染排出のペースは，環境の吸収能力を上まわってはならない，の 3 つを示している[7]。また，1989 年に発足した国際環境 NGO の The Natural

Step は，持続可能な社会を満たす条件として4つのシステム条件，すなわち①自然のなかで地殻から掘り出した物質の濃度が増えつづけない，②自然のなかで人間社会のつくり出した物質の濃度が増えつづけない，③自然が物理的な方法で劣化されない，④人々が自らの基本的ニーズを満たそうとする行動を妨げる状況をつくり出してはならない，を提言している[8)]。

このように持続可能性とは，そもそも生物資源を長期的に利用するための条件を満たすことを意味するものであるが，近年はより広義に「開発」や「社会」のめざすべき方向性を示すキーワードとして用いられるようになり，企業の持続可能性，地域の持続可能性，製品の持続可能性などといった視点で，評価手法や指標の開発が盛んに行なわれている。

9.6 持続可能性の評価

持続可能性の評価にあたっては，経済面，社会面，環境面の3つの側面を考慮する必要があるという「トリプルボトムライン」の考え方が広く定着してきている。これら3つの側面はそれぞれ，環境的持続可能性が前提となり，経済的持続可能性を手段として，社会的持続可能性を到達点とする，という関係性をもつと考えられる[9)]。

このような持続可能性を評価するうえでは「持続可能性指標」の開発が重要となるが，この指標開発に関しては近年，さまざまなアプローチにより研究が進められている。

バイオマスに関連する指標としては，森林管理協議会（Forest Stewardship Council；FSC）が生物資源を守る目的で作成した認証基準や，国際的な取引に際して担保すべき項目に対する合意形成を目的として，持続可能なバイオ燃料に関する円卓会議（Roundtable on Sustainable Biofuels；RSB），持続可能なパーム油のための円卓会議（Roundtable on Sustainable Palm Oil；RSPO），国際バイオエネルギー・パートナーシップ（Global Bioenergy Partnership；GBEP）などによって作成された指標がある（**表 9.1**）。

これらバイオマスに関連する持続可能性指標に特徴的な項目として，食料安全保障，生態系，土壌の質，土地利用変化，土地の権利などがあげられる。い

表9.1　GBEPによるバイオエネルギーの持続可能性指標

環　境	社　会	経　済
・ライフサイクルGHG排出量 ・土壌の質 ・木質資源の採取レベル ・大気毒性物質を含むGHG以外の排出量 ・水利用とその効率 ・水質 ・生物多様性 ・バイオ燃料資源生産に伴う土地利用と土地利用変化	・新規バイオ燃料生産のための土地配分と土地所有権 ・食料の価格と供給 ・所得の変化 ・バイオ燃料部門での雇用 ・バイオマス収穫のための女性と子供の無償労働時間の変化 ・近代的エネルギーサービスへのアクセスを向上するために使用されたバイオ燃料 ・室内煙による死亡率と疾病負担の変化 ・労働災害，疾患，致死の発生	・生産性 ・正味エネルギーバランス ・粗付加価値 ・化石燃料消費とバイオマスの伝統的利用の変化 ・従業員の教育と再教育 ・エネルギー多様性 ・バイオ燃料配送のインフラと物流 ・バイオ燃料利用の容量と適用性

ずれも，バイオマス利用のための事業が行なわれる地域，それ以外に影響が及ぼされる地域の安全を脅かさないこと，リスクが認められる場合はそれを最小化する対策を講じること，などが求められている。これらの指標が取り上げられた背景としては，これまでに，インドネシアの油ヤシプランテーションにおける森林の減少による生態系変化や炭素放出の問題，ブラジルのバイオエタノール生産における土地所有の大規模化および土地紛争の問題などが指摘されたことがある[10)]。

LCAによる持続可能性評価（life cycle sustainability assessment；LCSA）は，まだ研究が始まったばかりである。LCSAの枠組みとしては，環境面を評価するLCA，経済面を評価するLCC（life cycle costing），そして社会面を評価するS-LCA（social life cycle assessment）をそれぞれ行ない，それらを総合して評価する流れが示されている[11)]。LCAとLCCについては基本的な手法論はほぼ確立されているといえるが，S-LCAに関してはまだ発展途上にある。UNEPによるS-LCAのガイドラインでは，あらゆる利害関係者に対する影響を確認すること，そして潜在的リスクの高いホットスポットを見つけること，さらに，必ずlocation（場所）を考慮し，その土地特有の影響を評価することが重要であることが示されている[12)]。

今後，LCSAの手法開発にあたっては，物質および金銭のインプットとアウトプット以外に，とくに社会面においてどのようなファクターを算定対象とするのか，そのファクターを使って持続可能性の指標に対応した影響評価ロジックをどう組み立てるのか，が鍵となるであろう。さらに，多岐にわたる指標に対する評価結果をどう表示するのか，も課題となる。各指標はいずれも重要度が高いものであり，統一指標とすることでそれぞれの状況が見えなくなってしまうことは好ましくない。また，従来のLCAでは，おもに負荷つまりマイナスの影響のみを取り扱ってきたが，持続可能性を評価する際には，資本の蓄積や自然から得られるサービスなどのプラスの影響を評価できるロジックが必要となるであろう。

9.7 応用への期待と今後の課題

バイオマスを資源として有効に利用する社会システムが持続可能であるためには，もうひとつ「レジリエンス（resilience）」という視点を忘れてはならない。これは，システムのどこかにひずみが生じたときに，自ら復元できる仕組みがあるということを意味する。

レジリエンスを有したシステムとは，たとえば，代替性，補完性，そして魅力が備わっているシステムである。代替性に関しては，さまざまな環境変化に対応したさまざまな資源植物を用意することが必要であり，そのためには，資源となる植物の種類を増やすこと，つまり環境変化に対応した多様な種の継続的な開発が求められる。また，補完性に関しては，自然災害や社会的障害によって栽培が困難になった際に，別の場所で栽培したもので補うことができるように，地産地消とプランテーションを並行して進めていく仕組みを構築することが有効となるかもしれない。さらに，多くの人がこのシステムを維持させていきたいと望むような魅力を伴った社会であるためには，自然の恵みや生活への満足を多くの人が享受できるように，たとえば負荷の少ない栽培種や栽培方法の開発などが求められる。

一方で，UNEPによる持続可能な資源管理に関する国際パネルの評価報告書[13)]で指摘されているように，バイオマスを効率的に利用するには，まずマテリアルとして利用し，次いで生じる廃棄物のエネルギー含量を回収するカスケード利用が望ましい。それにより，バイオマスの CO_2 削減の可能性を最大限高められることが期待できる。

資源植物の開発研究に従事する研究者には，こういった視点をつねに頭の隅に置き，化石資源社会の失敗を繰り返さず，末永く人類とともに歩んでいくことのできる豊かなバイオマス資源社会を構築できるよう尽力いただけることを願う。

参考文献

1）田原ほか（2007）LCA 概論，産業環境管理協会
2）柳田ほか（2011）19th European Biomass Conference and Exhibition, Berlin
3）Sagisaka, M.（2007）Life cycle assessment for biomass utilization. *J. Jpn. Inst. Met.*, **86**, 386-389
4）Sun, X.-Z., *et al.*（2015）Evaluation of energy consumption and greenhouse gas emissions from poly（phenyllactic acid）production using sweet sorghum. *J. Clean. Prod.*, **87**, 208-215
5）社団法人産業環境管理協会，LCA システム MiLCA, ver.1.0
6）独立行政法人産業技術総合研究所，社団法人産業環境管理協会，LCI データベース IDEA , ver.1.0
7）ドネラ・メドウスほか著（2005）『成長の限界 人類の選択』ダイヤモンド社
8）高見幸子（2003）日本再生のルール・ブック―ナチュラル・ステップと持続可能な社会（海象ブックレット），海象社
9）矢口克也『レファレンス』2010. 4（国立国会図書館発行月刊誌）
10）バイオ燃料の持続可能性に関する調査報告書（2009）NPO 法人バイオマス産業社会ネットワーク
11）Klöpffer, W.（2008）Life cycle sustainability assessment of products. *Int. J. Life Cycle Assess.*, **13**, 89-95
12）UNEP（2009）Guidelines for Social Life Cycle Assessment for Products, 104
13）国連環境計画著，環境省仮約（2009）『バイオ燃料を評価する：資源の持続可能な生産と利用に向けて』抜粋版レポート

おわりに　――編集後記に代えて

本書は,「はじめに」にも述べられているように, 植物CO_2資源化研究拠点ネットワーク（NC-CARP, 平成23～27年度）で進められてきた研究の総括として, その成果を広く世の中に知ってもらうために刊行されたものである。編者として名前を連ねさせていただいている私, 稲田は, プロジェクト最終年度となる平成27年4月に, それまでプロジェクトのとりまとめに尽力なさっていた齊藤知恵子博士（現 国立研究開発法人科学技術振興機構研究開発戦略センターフェロー）の後任として, 本書の出版を担当させていただくことになった。

NC-CARP代表の福田先生の号令のもと, 本書の企画が立ち上がったのが2015年5月。その後, 慶応義塾大学出版会で本書を出版していただくことが決定し, 各章の執筆者の方々に正式に執筆依頼のメールを送ったのが7月初頭。プロジェクト最終年度の今年度中に本を出版するためには, 8月末には原稿を回収しなければならない。執筆してくださった先生方はいずれもその研究分野の第一線で活躍中であり, 同時に所属機関や学会など複数の業務をこなして多忙を極めていらっしゃる方ばかり。NC-CARP幹事会で本書刊行の予定を報告し,「原稿締切は8月末です」と告げたときには, 幹事兼執筆者の先生方から声にならない悲鳴が聞こえた（気がした）。

そんな過酷なスケジュールであったにもかかわらず, いずれの先生方にも, 専門分野に関する古今東西の知識, 最先端研究の成果を詰め込んだ, 熱のこもった原稿を送っていただいた。専門分野に浸りきって毎日研究に励んでいる研究者にとっては, 往々にして専門知識と一般知識の区別がつきにくく, 何をどこまで説明すべきなのかの判断が難しいことがある。私自身はセルロースの物理的化学的特性やその利用技術についてはまったくの素人であり, 一読者の立場から専門用語や文章に修正を加えさせていただいたが，原稿にこめられた各先生の研究への情熱はできるだけ失われないようにしたつもりである。

私の現所属の東京大学では，この「おわりに」執筆現在，銀杏の落ち葉が構内の道路を埋め尽くしている。また稲作の盛んな地域では，秋の収穫後には大量の稲わらが田に積まれる。それら落ち葉や稲わらの一部は堆肥や飼料などとして利用されているものの，多くはいまだ焼却処理されている。私が以前お世話になっていた奈良先端科学技術大学院大学では，風向きによっては，大学のまわりの田んぼで稲わらを燃やす煙が構内に充満することもあった。本書で紹介されているような多方面からの研究を今後推進していくことにより，将来，落ち葉や稲わらを集めてエネルギーや有用物質に変換できるような，そんな日が来るかもしれない。本書を読んだ読者の方々に，そんな未来を少しでも思い浮かべていただければ，そしてそのために今何ができるかを考えていただければ幸いである。

なお本書の出版にあたっては，慶應義塾大学出版会の浦山毅さんに計画から刊行までたいへんお世話になりました。同じ居室で日々 NC-CARP の業務にあたっている同僚，大谷繁コーディネーター，遠藤暁詩特任助教には，原稿のとりまとめが佳境にさしかかった際に私の愚痴を聞いてもらったり，原稿修正を手伝ってもらったりといろいろお世話になりました。この場をお借りしてお礼を申し上げます。

索　引

【さ行】

【た行】

【編者略歴】

福田裕穂（ふくだ・ひろお）
1953 年生まれ。東京大学大学院理学系研究科教授。1982 年東京大学理学系研究科植物学専門課程博士課程修了。理学博士。大阪大学理学部生物学科助手，東北大学理学部生物学科助教授・教授を経て，1995 年より現職。途中ドイツ・マックスプランク育種学研究所に留学。専門は植物生理学。主な著書は『Plant Cell Wall Patterning and Cell Shape』，『植物の生存戦略』など。

稲田のりこ（いなだ・のりこ）
1973 年生まれ。東京大学大学院理学系研究科特任研究員。2000 年東京大学理学系研究科生物科学専攻博士課程修了。理学博士。日本学術振興会特別研究員，カリフォルニア大学バークレイ校博士研究員，奈良先端科学技術大学大学院特任教員を経て，2015 年より現職。専門は細胞生物学。

【著者一覧】

はじめに	福田裕穂	東京大学大学院理学系研究科
第 1 章	江面　浩	筑波大学遺伝子実験センター
第 2 章	坂本　亘	岡山大学資源植物科学研究所
第 3 章	藤原　徹	東京大学大学院農学系研究科
第 4 章	榊原　均	理化学研究所環境資源科学研究センター
第 5 章	出村　拓	奈良先端科学技術大学院大学バイオサイエンス研究科
第 6 章	荻野千秋	神戸大学大学院工学研究科
	川口秀夫	神戸大学大学院工学研究科
	近藤昭彦	神戸大学大学院工学研究科
第 7 章	高谷直樹	筑波大学大学院生命環境科学研究科
	桝尾俊介	筑波大学大学院生命環境科学研究科
第 8 章	西野　孝	神戸大学大学院工学研究科
第 9 章	渕上智子	合同会社エフプロ（元東京大学大学院理学系研究科）
おわりに	稲田のりこ	東京大学大学院理学系研究科

スーパーバイオマス　——植物に学ぶ，植物を活かす

2016年2月25日　初版第1刷発行

編　者————福田裕穂・稲田のりこ
著　者————江面　浩・坂本　亘・藤原　徹・榊原　均・出村　拓・荻野千秋・
　　　　　　　川口秀夫・近藤昭彦・高谷直樹・桝尾俊介・西野　孝・渕上智子
発行者————坂上　弘
発行所————慶應義塾大学出版会株式会社
　　　　　　　〒108-8346　東京都港区三田2-19-30
　　　　　　　TEL〔編集部〕03-3451-0931
　　　　　　　　　〔営業部〕03-3451-3584〈ご注文〉
　　　　　　　　　〔　〃　〕03-3451-6926
　　　　　　　FAX〔営業部〕03-3451-3122
　　　　　　　振替　00190-8-155497
　　　　　　　http://www.keio-up.co.jp/
装　丁————川崎デザイン
印刷・製本——株式会社加藤文明社
カバー印刷——株式会社太平印刷社

Printed in Japan　ISBN 978-4-7664-2303-7